知旧而识新

季征宇 著

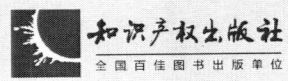
知识产权出版社
全国百佳图书出版单位

内容提要

本书收录作者在知识管理领域的随笔56篇，分为"理念篇"、"技术篇"、"历史篇"和"工具篇"4辑。本书旨在用形象、有趣的语言，让人轻松领略知识管理的理念，掌握知识管理的技能。

读者对象：管理工作者、知识工作者、设计师、咨询师、知识管理研究者、高等学校学生。

责任编辑：黄清明　　　　　　　　　**责任校对**：韩秀天
封面设计：智兴设计室·张国仓　　　　**责任出版**：卢运霞

图书在版编目（CIP）数据

知旧而识新：知识的管理/季征宇著. —北京：知识产权出版社，2013.7
ISBN 978-7-5130-2147-0

Ⅰ. ①知… Ⅱ. ①季… Ⅲ. ①知识管理—文集 Ⅳ. ①G302-53

中国版本图书馆 CIP 数据核字（2013）第 159318 号

知旧而识新
——知识的管理
Zhijiu Er Shixin

季征宇　著

出版发行：	知识产权出版社		
社　　址：	北京市海淀区马甸南村 1 号	**邮　　编**：	100088
网　　址：	http：//www.ipph.cn	**邮　　箱**：	bjb@cnipr.com
发行电话：	010-82000860 转 8101/8102	**传　　真**：	010-82005070/82000893
责编电话：	010-82000860 转 8117	**责编邮箱**：	hqm@cnipr.com
印　　刷：	北京中献拓方科技发展有限公司	**经　　销**：	各大网上书店、新华书店及相关销售网点
开　　本：	720mm×960mm　1/16	**印　　张**：	11
版　　次：	2013 年 7 月第 1 版	**印　　次**：	2013 年 7 月第 1 次印刷
字　　数：	200 千字	**定　　价**：	36.00

ISBN 978-7-5130-2147-0

知识·服务·创新

——为《知旧而识新》与《推陈而出新》序

现代服务业与人类经济社会发展交相辉映。在科学技术进步的强力推动下，21世纪的人类社会发展越发显现三个新的重要特征：一是以知识为基础的社会；二是全球化的国际环境；三是可持续的发展方式。这三个新的重要特征都与现代服务业的发展息息相关。

人类进入21世纪以来，国家财富增长的主要途径和方式，越来越表现为知识的积累和创造。学习、获取和创造新知识将成为人们从事更有价值的生产和实现生活理想的基本手段，由此将引发社会组织形态和人类活动方式的深刻变革。现代服务业的基本职能就是帮助人们学习、获取、创造新知识；引导和辅助人们应用新知识改善生产方式和生活方式。以知识为基础的现代社会发展的前提条件就包括功能齐全、充满活力的现代服务业体系。

当前，面对能源、资源紧缺的约束，以及全球气候变化、科学伦理等诸多问题的困扰，人类社会需要作出共同的努力，来寻求人与自然和谐相处的新途径。在人类转变发展方式的过程中，现代服务业不可或缺。人类需要不断更新关于资源、环境和经济发展的知识，需要不断创新服务的技术和手段，加快用信息化、智能化、节约型、清洁型、环保型等现代技术和服务来改造传统产业的步伐，促进人类社会的全面、协调和可持续发展。总之，21世纪人类社会的三大新特征也意味着三大需求，对现代服务业发展既是机遇，也是挑战；把握住这个特征，也就把握住了发展现代服务业的方向和关键。

随着信息技术的产业化、社会化，服务业的发展呈现出以知识密集、人

才密集和网络化为特征的发展态势，并表现出两种类型的现代化进程：一方面，利用信息技术和网络技术实现服务业现代化改造，全面提高传统服务业科技含量，成为一些国家促进经济社会发展的基本做法；另一方面，伴随着以知识的创造、传播、应用和科技创新活动为内容的各类专业服务组织的兴起，一批新兴服务业领域迅速形成，成为高速增长的现代经济部门。

知识服务业是提供知识产品和知识服务的产业，是智力型服务业群体的总称，它包括咨询、软件、研发、设计、文化传媒、广告以及传统的教育、医疗等。知识服务业具有高聚集性、高附加值和高成长性的特点。近年来，以知识密集型为特征的研发设计、咨询、解决方案提供等知识服务业正在不断兴起，日益成为现代服务业的重要组成部分。

季征宇先生在《知旧而识新》与《推陈而出新》这两本相辅相成的书中，思考和探索了很多关于知识、设计、服务和创新的概念、方法、技巧和工具。这两本书旁征博引了作者在工程、历史、文艺、生活、工作等领域获得的感悟与心得，别具一格。相信会给大家带来不少的启示和收获。

徐冠华

前科技部部长　中国科学院院士

推荐语

如果数据、信息和知识没有得到很好的积累、开放和共享，人类的科学和
文明不可能得到今天这样的发展。季征宇先生的这两本书，很好地说明了
"旧"与"新"之间的传承性和知识的连续性。两卷书体裁和风格别具特色，
专业性论述和文艺性趣味相杂，十分适合于广大知识与管理工作者。

——国际科技数据委员会（CODATA）主席，郭华东院士

推荐语

季征宇先生专注与坚守在知识与设计领域20多年，博古而通今，在很多角度都能发表与众不同、触类旁通的观点，让人觉得生活和工作，历史和现代都是相通和一体的。系列的巧妙编排就是知识管理和设计技巧的充分体现，值得大家细细品味。

——水立方总设计师，CCDI 悉地国际董事长，赵晓钧先生

从事知识服务的公司的主要工作就是管好知识、积累好知识、开发好知识、维护好知识，使得知识能够不断累积，真正拥有站上巨人肩膀的阶梯。季征宇先生在知识管理和设计管理领域引经据典，自由驰骋，游刃有余，和严谨的学术理论相比，使人更能轻松地获取知识，掌握知识。

——零点咨询集团董事长，独立媒体人，袁岳博士

在技术飞速发展和社会分工日益精细的背景下，工程师的教育不仅应该注重于工程基础理论，而且应该加强社会、人文、商业经济等诸方面的能力培养，使之达到平衡；惟有如此，工程师及其服务的企业才能够把专业知识和技能与现实世界联系起来。季征宇先生结合自己的工程实践在上述诸方面做了令人钦佩的探索。这两本著作集合了基本的社会、人文、经济以及技术知识与应用方法，不仅对工程技术人员，对在校学生而言也是不容错过的优秀著作。

——上海交通大学土木工程系主任，沈水龙教授

知识型组织不仅应当具备精湛的核心技术，还要有系统的管理知识，而且要广泛地理解社会、政治、经济和人文。季征宇先生的这套丛书是用文、史、经、理、哲等诸多材料构筑的管理大厦，从生活和工作中的现象和疑问入手，让人兴趣盎然，一定会让管理者、工程师和知识工作者受益匪浅。

——天强顾问总经理，勘察设计管理专家，祝波善先生

知旧而言新（代前言）

　　奥巴马总统访华时在上海科技馆发表演讲，谈到中美关系时，引用了一句中国古话"温故而知新"，强调不能脱离过去谈将来。老美倒也很历史唯物。

　　创新已经成为个人、组织乃至国家最热门、最流行的词语，大家充满了对创新的期望、热望和渴望，但如何让创新有效落地，则多少显得有点茫茫然。愿景只是一个起始，有效的实施路径才能让人感觉靠谱。

　　创新，首先要有参照物，所谓"人无我有，人有我优"，都是比较了参照物的结果。不懂行情，还没搞清楚参照物就开始自吹自擂，难免被人讥为"夜郎自大"。

　　人类很多伟大的发明并不是一蹴而就的，造纸术就是蔡伦在前人发明的基础上的改良和推广。早在瓦特申请蒸汽机专利以前，就有了蒸汽机的原型，瓦特只是做了改良，大大提高了蒸汽机的效率和安全性。

　　《剑桥科学史丛书·技术发展简史》在论及整个人造物世界的时候，有过这样的论述："整个人造物世界的主旋律是延续的，这意味着新产品只能脱胎于原有的老产品。也就是说，新产品从来就不是纯理论的、别出心裁的或凭空想象出来的创造物。"这就是知识和创新的延续性，而延续的基础就是有效的记忆。

　　知识管理学家把知识管理的一个重要工作称作"打造组织记忆"。维克托·迈尔·舍恩伯格说："记忆分成两部分，第一是成功地将信息转入长时载体上，谓之记录；第二是从记录中提取那个信息，叫作回忆。"

　　记录下来一定时期、一定范围以内的极限数据，另有一个名词，叫作"纪录"。我常常惊讶于英超、意甲和 NBA 的纪录文化。他们的纪录范围之广之深，令人感慨于他们的积累之细之厚。除了谁都能想到的最高比分、连续不败场数等整体指标外，还有连续进球最短时间、连续每场进 4 球（或更多）以上胜利场数等各类局部纪录；不但有联盟纪录，还有球队纪录和球员纪录；不但有荣誉纪录，还有耻辱纪录。每一次破纪录，都是一次创新。

其实，英国人对纪录的热衷也是出了名的。1951 年，吉尼斯啤酒公司的董事休·比佛爵士在一次派对上和别人发生了争论，到底是松鸡飞得快还是金鸻飞得快？双方各执一词，互不让步。这次有趣的争执导致了全球纪录的领导者《吉尼斯世界纪录大全》的问世——不用争了，查纪录吧。

《吉尼斯世界纪录大全》收集并认证具有权威的有关世界纪录的资讯，尽最大的努力保证每一个纪录的准确性。迄今为止，数据库中已经有超过 3 万个类别的纪录，这本身就打破了一项纪录。

物理学家黄昆先生是中国半导体技术奠基人，早在 20 世纪 40 年代就声名鹊起。1955 年选聘为首批中国科学院院士（学部委员）时年仅 36 岁，是最年轻的院士。1977 年，黄昆重新出山，开始从事中断了近 30 年的研究。他深感于这 30 年国内外科技发展的日新月异，于是申请了一批课题。课题审批者是他的学生，学生看完报告后问道："这个课题，如果批给 100 万，能不能达到世界领先水平呢？"黄昆很认真地回答："你给了我这 100 万，我能看到外国人跑到哪儿了，但是要追还是追不上的。你要是不给我这一百万呢，我连外国人跑到哪儿了都弄不清楚。"

创新的背后是一个系统，个人、部门、企业干了自己从没干过的事，突破各自的纪录，都是相对于自己的"创新"，应该是大力鼓励的。而如果你是世界纪录保持者，突破个人纪录也就是打破世界纪录了。

孩子呱呱落地时，曾经有一本成长手册，要父母记录孩子第一次说话、第一次走路的时间，这也许是最早的个人记录了；读书时获得的第一个满分，第一张奖状，竞赛中获得的最高名次，是成长的记录；工作中发表的第一篇论文，获得的第一个荣誉称号，是发展的记录……创造和突破自己的纪录，就是创新。纪录无处不在，创新无处不在。部门亦然，企业亦然，国家亦然……

民国四公子之一的张伯驹，老一辈文化名人，老克腊们的偶像，一生醉心于古代文物，捐给国家的收藏价值连城，在多个领域都有极高的造诣。他最掷地有声的一句名言是："不知旧物，则决不能言新。"

笔者在上海交通大学求学期间，开始接触人工智能思想，恰逢 IBM 公司生产的超级国际象棋电脑 IBM 的 Dark Blue 击败了世界冠军卡斯帕罗夫，因此对这种技术无比着迷。与此同时，我也深深纠结于"人和机器"的关系这类争论不休的未来话题。但是换个角度，人工智能这种"可以把机器变得'聪明'些"的方法能不能让人变得"更聪明"？能不能让组织和企业变得"更聪明"，更具"智能性"？我觉得知识管理可能是解决这个问题的有效之道。

在随后 20 多年的学习和工作中，我一直带着这些问题边实践边思考，深感很多事物缺乏系统思考，缺乏辩证分析与批判性思维，乃辑录了自己从 2008 年到 2013 年发表在新浪博客上有关随感数十篇，按照理念篇、技术篇、历史篇和工具篇 4 个部分进行了组织，结集成册，实是敝帚自珍。

今年恰逢笔者走出校园 20 年，也是走上工作岗位 20 年，还有很多很多的 20 年纪念。承蒙家人和诸位朋友大加鼓励，遂付梓出版，也算对自己多年思考和积累的一个奖赏和纪念吧。如对大家有些许启发和促进，则更是笔者之幸运。

季征宇
2013 年 5 月于上海

| 目　录 |

知识·服务·创新
　　——为《知旧而识新》与《推陈而出新》序 ·················· 徐冠华　I
推荐语··· 郭华东　III
推荐语·························· 赵晓钧　袁岳　沈水龙　祝波善　IV
知旧而言新（代前言）···································· 季征宇　V

❖ **第一辑　理念篇** ·· *1*

【知识理念】管理"不懂的知识"　　*3*
牛人苏格拉底有句名言："我只知道我一无所知。"表面上非常谦虚，骨子里却透着无比的自负。能够管理"无知"正是智慧的表现。

【知识理念】传承和持续　　*5*
最成功的企业往往都构筑一种精神上的信仰，这种"教派般的企业文化"也许就是现代的"道德传家"。

【知识理念】即类与旁类　　*8*
设计师甲3年内看了1000部电影，很多创作灵感，均有大片底子；设计师乙坚持不懈常年阅读行业外资料，很能触类旁通。

【知识理念】看不见的手　　*10*
马斯洛理论使需求的解释立体化、层次化、丰满化。"仓廪实而知礼节，衣食足而知荣辱"这些命题的解释跃然纸上，不言而喻。

【知识理念】真实的记录　　*12*
语言和文字的记录从来就不是客观性的记录，从五官感受到跃然纸上，早就"煎炒烹炸"过无数次了。

【知识理念】老化的是心灵　　*14*
世界并不缺少美，缺少的是发现美的眼光。知识的价值是多维的，缺少的是感悟知识的心灵。

【知识理念】三三两两　　*17*
心疼孩子的父母，就容易将就；望子成龙心切的，又容易走极端。"易子而教"，用管理的术语，叫"所有权"和"执行权"分离。

【知识理念】"贬值"的价值　　*19*
科技的发展带来了信息和知识的爆炸，知识的稀缺性越来越低，开始了第三次的大规模"贬值"。人类的文明站在了新的高度。

【知识理念】常识与见识　　*21*
当你不能理解一项问题时，就回头去从最基本的来。最伟大的真理往往太重要了，以至于不可能是新的。

【知识理念】知识的结构　　*23*
华生用"学识范围"来表述，福尔摩斯也巧妙地比喻了"知识结构"的建立和维护方法，这也许就是福尔摩斯的秘诀之一吧。

【知识理念】伤害与保护　　*26*
谎言的好处就是逃避一些不能或是不想被别人知道的事。如果要强制区分的话，可分为善意、恶意和自我保护三类。

【知识理念】知之·好之·乐之　　*28*
"知"是听闻，进一步就是晓得；"识"是辨别，进一步的是理解。闻而不辨，也就是个两脚书橱。

【知识理念】不愿与不能　　*30*
有一种病叫作"阅读障碍症"，是指智力正常的人阅读困难，与中枢神经系统的某种功能失调有关，属于"神经病"。

【知识理念】利益与眷恋　　*33*
20世纪初，一位年轻的物理学家单枪匹马，仅靠一己之力便让经典物理大厦轰然倒塌，标志着物理学新纪元的到来。

【知识理念】效用与欲望　　*35*

幸福的分子是效用，分母是欲望。当分母变得无穷大时，人就会"欲壑难填"；当分母趋向于零时，人就会"无欲则刚"。

【知识分类】隐形与显性　　*38*

文，典籍也，就是文字资料；献，贤也，特指熟悉掌故、肚子里有料的人。两个字便建立了最早的知识分类。

【知识分类】开蒙·术业·视野　　*41*

"隔行如隔山"说的是某个行业里大家都知道的常识，对业外的人来说，往往都是非常特别的知识。

【知识分类】眼才与手才　　*45*

庖丁说："臣之所好者道也，进乎技矣。"显示了他所探究的是自然的规律，而不仅是对于宰牛技术的追求。典型的"眼高手高"的案例。

【知识分类】口才与耳才　　*47*

"耳才"出众的前提是拥有高度的灵敏性和深刻的理解力。具备这种能力的人能听出"弦外之音"，所以也就格外能"捕获芳心"。

【知识分类】上下之间　　*50*

能上能下是一件通畅的事。单上单下，不上不下，无论是做事、做人，还是做些什么别的，就会有些"卡"。

【知识分类】须知与须戒　　*52*

被后世大厨视为枕中秘笈的《随园食单》，似菜谱又非菜谱，尤其是"须知单"与"戒单"，那就是厨子的三大纪律与八项注意。

❖ **第二辑　技术篇** ··· *55*

【知识获取】读书·行路·著言　　*57*

古时卫生条件差，人生七十古来稀，50岁就算老人了。曹操50岁吟诵"老骥伏枥，志在千里"，苏轼未到50岁便高唱"老夫聊发少年狂"。

【知识获取】远观与近瞩　　*60*

很多事情的评价，讲究远近相宜，空间上如此，时间上也是如此。历史评价不能离得太近，一定要拉开距离，拉开一段时空。

【知识获取】书要我读　　**62**

当我们从"我要读书"的时代进入了"书要我读"的时代，培根的那句"知识就是力量"的名言就该重新定义了。

【知识创造】著作等身　　**66**

曾听一个外科医生说，如果他们开刀要按照刀数来收费的话，病人的肚皮要成西瓜皮了。

【知识应用】依葫芦画瓢　　**68**

老爸的摄影心得是，选一些摄影名作，按照这些作品拍摄时候的参数"临摹"，短时间就能技艺大增。

【知识应用】萧规曹随　　**70**

管理管理，要先"理"后"管"。理就是要先制定规则。"理"要先"解"，要格物致知。

【知识应用】房谋杜断　　**73**

在夫人的严厉监管下，老房总是战战兢兢，如履薄冰，优柔寡断，瞻前顾后。可坏性格运用得当，也能变废为宝。

【知识应用】李白和武松　　**75**

人们被卡在这些固有的形式中，就像唱片中某一段固定的凹槽，永远无法摆脱出来。

【知识应用】趣谈做饭　　**77**

当技术过于工具化，知其然而不知其所以然的时候，人和自然的连接，天人合一的境界也就随风而散了。

【知识应用】愿望和现实　　**80**

现实、愿望和能力均衡，套一句上海吃货们的行话叫作："有的吃，想吃，吃得落，会得吃。"世间万物，莫不如此。

【知识应用】应试与测试　　**82**

考试一直是能力认证的基本方法。只要供求不平衡，就会产生选择，而考试则是选择的一个手段。

【知识应用】机器翻译　*84*

有一种设想是发明一种随身携带的机器，可以把各种语言互相翻译，就可以达到"莫愁前路无知己，天下谁人不识君"的境界。

【知识应用】坚守与背离　*86*

信守诺言的人自古以来便是稀缺资源，所以对诚信坚贞的讴歌和背信薄幸的谴责，一直是文学和艺术的永恒主题。

【知识应用】沽名和钓誉　*89*

中国足球在提高技战术水平方面可谓江河日下，但粉饰门面的功夫与劲头，却和"王婆"有得一拼。

【知识应用】承受与享受　*91*

民间用"光看贼吃肉，没见贼挨打"来彰显这是一个黑白两道通吃，放之四海而皆准的普遍真理。

【知识应用】想当然与摆事实　*93*

朱元璋发现很多空白纸上盖着"官印"，顿时盛怒。这种行为完全违背了 ISO 9000，属于"欺罔"，于是近千名主印官员掉了脑袋。

【知识应用】巴赫与韩德尔　*95*

巴赫死在寻找伯乐的崎岖山路上，死后连块永久性墓碑都没落下。韩德尔去世后，下葬于西敏寺教堂，和牛顿、莎士比亚做了邻居。

❖ **第三辑　历史篇** ·········· *99*

【知识存储】结绳记事　*101*

南美的印加人结的绳结，就像我们平时所看到的还带着水的拖把一样，叫"奇谱"（khipu），一种奇特的谱，相当靠谱。

【知识存储】埃及蒲纸　*104*

纸莎草造莎草纸，读起来十分绕口，不如"蒲纸"的翻译十分传神，就是"像编蒲包那样编出的纸"，意贯中西。

【知识存储】泥版书　*107*

烧结的泥版最大的特点是不怕潮、不怕火、不怕蠹，百毒不侵。战火摧毁了两河流域的文明，惟有泥版书历经劫难，流传下来了。

【知识存储】龟甲兽骨　　110

商代的中国，湖泊、河流众多，爬行动物、水牛众多，丰富的龟甲兽骨资源，成了人们首选的占卜和书写材料。

【知识存储】竹市简牍　　113

动物性材料再多，也经不起人们的大规模使用。随着甲骨的来源开始枯竭，中国人开始打起木材和竹子的主意来。

【知识存储】羊皮纸　　116

羊皮纸最大的缺点就是昂贵。如果要将中世纪欧洲的科学论著全部抄写在羊皮纸上，那么就得将当时全欧洲的羊统统宰光。

【知识存储】中国纸　　119

"蔡侯纸"的出现，标志着纸张取代竹帛的关键性的转折，是世界书写材料上最伟大的革命，大大降低了读书学习的成本。

【知识处理】印　刷　　122

没有发明印刷术以前，想看书就得用手抄，所以"洛阳纸贵"都是"抄书惹的祸"。你抄我的，我抄他的，抄来抄去，错误越来越多。

【知识存储】录音摄影　　126

大帅哥嵇康临刑东市，神气不变，索琴弹之，曲终曰："《广陵散》于今绝矣!"要是爱迪生穿越过去，嵇中散就可以无憾了。

【知识传播】电报与电话　　130

以利沙格雷比贝尔晚了一个多小时递交申请报告，第一台电话机发明者的桂冠，就戴在了贝尔头上。

❖ **第四辑　工具篇** ·························· 135

【知识理念】新新工具论　　137

工具不但可以是机械性的，也可以是智能性的。推而广之，一切方法、思想、理念都属于广义的工具。

【知识获取】谈搜索　　*139*
在搜索中，技巧比工具重要，方法比技巧重要，理念比方法重要，比理念更重要的是好奇心。

【知识存储】谈记录　　*142*
欧阳修读书写作的诀窍是"三上"：枕上、马上、厕上；老美的秘笈叫 3B，bus，bed，bathroom，异曲而同工。

【知识获取】谈评价　　*144*
"为官三代，始知穿衣吃饭"，讲的就是人的鉴别能力，不是一朝一夕能够养成的，素养的造就是需要时间的。

【知识共享】谈发布　　*146*
蜀人陈子昂用心良苦兼以高昂成本，一日之内，便名满京城，成为古代炒作成功的范例。

【知识共享】谈交流　　*148*
有效交流最重要的前提就是包容，不受条条框框的限制，从各种角度、层次、方位提出独创性的想法，让思维自由驰骋。

【知识获取】谈移动　　*150*
现代生活的快节奏，使得"正襟危坐"变得奢侈无比，人们越来越倾向于采取"碎片化"读书方式。

【知识创造】谈关联　　*153*
古典建筑的每一个构件都独立地具有它自身的意义，而现代建筑的每一个独立构件都是无意义的，惟其组合，方显意义。

❖ **延伸参考** *156*

第一辑　理念篇

白日依山尽，
黄河入海流。
欲穷千里目，
更上一层楼。

——唐·王之涣

管理"不懂的知识"

❖❖ 牛人苏格拉底有句名言：「我只知道我一无所知。」表面上非常谦虚，骨子里却透着无比的自负。能够管理「无知」正是智慧的表现。

有一个很有名的学者曾经如此感慨："我经常为自己的无知而感觉到震撼，因为往往读一本没有读过的书的时候，突然间感觉到这么一个事情我怎么就多少年都不知道，没读过。"这种感觉是震撼和茫然。

古希腊哲学家芝诺画像

西方流传着一个"知识圆圈说"的故事。一位学生问古希腊哲学家芝诺："老师，您的知识比我的知识多许多倍，您对问题的回答又十分正确，可是您为什么总是对自己的解答有疑问呢？"芝诺顺手在桌上画了一个圆圈，解释说："你看这个圆圈，圆圈内是已掌握的知识，圆圈外是浩瀚无边的未知世界。知识越多，圆圈越大，圆周自然也越长，因此未知部分当然显得就更多了。"芝诺把知识比作圆圈，生动地揭示了有知与无知的辩证关系。

从现代的观点看，芝诺的圆圈说还需进一步拓展，无知的领域不仅在圆圈外，圆圈内也冒出许多新的未知点。从 1900 年到 2000 年，科学从 500 个学科发展到 5 000 个学科，估计到 2100 年可以发展到 5 万个学科，而且大部分是交叉的或细分的。无知的领域不但在外围而且在内部。

一个朋友因为业绩出众升任高管，但是没有预料中的喜悦。因为有很多要管理、要签发的项目中，很多是自己原来不熟悉、不擅长的，各种新工艺、新技术如雨后春笋，连了解的时间都没有，更别说去理解了，面对众多"不懂的知识"，如坐针毡，如履薄冰。

著名的彼得原理早就指出"在一个等级制度中，每个职工趋向于上升到他所不能胜任的地位"。到了这个极限位置上，无论是上面

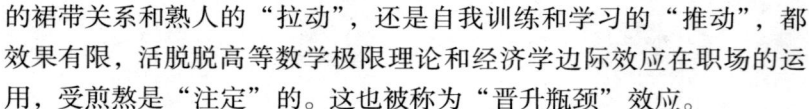

的裙带关系和熟人的"拉动"，还是自我训练和学习的"推动"，都效果有限，活脱脱高等数学极限理论和经济学边际效应在职场的运用，受煎熬是"注定"的。这也被称为"晋升瓶颈"效应。

知识体系年年更新，专业分化越来越快。我们越来越多地处于这种境地：随着承担的管理事务与日俱增，处理细节问题的能力在不断降低。面对激增的知识，一般会作出两种反应：一种是尽力让自己掌握所有的新知识；另一种是坚持要求下属详细解释一切细节，以便独立地作出决策。无论哪种方法，都只能局部、有限地解决问题，管理"不懂的知识"，需要依赖的是流程和系统。

在手工作坊年代，手艺高超的工人会被选拔为管理者，"学而优则仕，艺而优则管"。在知识处于平稳、缓慢增长的时期，从理论上讲，它是最会训练新人，并发现他们错误的，可使管理工作得以很好地维持。然而，知识的爆炸和社会对创新的需求决定了现在此路不通。

通过系统和流程，来下放决策权，来规避风险，也许是不错的选择。政府常常使用专家审查来作为审查的依据，开发商运用同行评议（peer review）和独立校核（independent check）来支持决策，企业甚至把自己无力承担的研发美其名曰"高端外包"。

在生活中，我们请医生看病，去4S店修汽车，去商场购物，都是在管理"不懂的知识"，把实际决策权交给在这些方面比我们知识丰富的人。而你所需要的能力就是根据品牌、声誉等外在因素进行选择而已。一系列的食品安全事件让一个朋友终日惴惴不安："我怎么知道哪头猪吃了瘦肉精？我怎么知道哪袋奶粉掺了三聚氰胺？"我只好如此安慰他："不要买便宜得离谱的东西。"

意识到自己无知正是有知的表现，牛人苏格拉底有句名言："我只知道我一无所知。"表面上非常谦虚，骨子里却透着无比的自负，暗讽别人不知道自己不知道。而能够管理"无知"则是智慧的表现。用系统、流程和数据坦然地管理你不懂的领域，领导比你更专业的下属。

传承和持续

对"可持续"的憧憬，是人们永恒的追求。埃及法老们修筑了雄伟的金字塔，把自己制成"木乃伊"，无非是希望"轮回"，持续地活下去。中国古代封建帝王，不但在精神层面要求臣民们山呼"万岁"，实际行动上也毫不逊色。秦始皇派徐福海外寻访仙山，汉武帝遣东方朔西域探求金丹，连唐太宗李世民也未能免俗，服食了过量的"长生药"，年方五十就驾崩了。

儒家代表人物孟子画像

君主们虽然屡屡折戟沉沙，但前赴后继，屡败屡战，其追求不朽的精神还是很"持续"的，但民间对"可持续"就不甚乐观。孟老夫子云"君子之泽五世而斩"，老百姓解读为"富不过三代"，其兴也勃焉，其亡也忽焉！

《红楼梦》中跛足道人的《好了歌》把这种感受分项具体化了："世人都晓神仙好，只有功名忘不了！古今将相在何方？荒冢一堆草没了！……"甄士隐的唱和，又把他的共鸣推向巅峰："陋室空堂，当年笏满床！衰草枯杨，曾为歌舞场……到头来都是为他人做嫁衣裳！"充满了模糊、混沌、不确定与不可知的放弃态度。

"富不过三代"并不是中国特有的普遍现象。在美国，家族企业传至第二代的只有30%，传至第三代的只有12%，第四代及以后依然存在的只剩3%了。葡萄牙人说"富裕农民—贵族儿子—穷孙子"，西班牙人说"酒店老板，儿子富人，孙子讨饭"，德国则用3个词"创造、继承、毁灭"来代表三代人的命运。

2009年有个热词"富二代"。随着改革开放发达起来的第一

代中国富人们逐渐进入暮年，他们开始操心自己家业继承问题，各种贵族学校和"魔鬼训练营"应运而生，为了这些公子哥们能够顺利接班。但富二代的印象就基本上以负面的多，轰动一时的"宝马男"，"麻袋女"就让人嗤之以鼻，不屑一顾。这些引起全社会关注的事，都是传承出现了危机。富贵难以传承，好像是很难摆脱的魔咒，长久地说，对中国的发展会有很大的影响。

几年前，英国人胡润推出了一个有意思的榜单——《胡润全球最古老的家族企业榜》。榜单显示"富不过三代"并不是一个放之四海而皆准的道理。上榜的100家长寿企业主要集中在欧洲、美国和日本。其中英、法、美名列前三位，各有17家、16家、15家，日本也有10家。第一名是著名的日本大阪寺庙建筑企业金刚组，传到第40代，已有1400多年的历史。第100名家族企业也有超过225年的历史。榜单中没有一家中国的家族企业。

剖析种种"不持续"的案例，政治因素是其一。战争的爆发、文明的衰落对于个体来说都属于不可抗力，大厦将倾，覆巢之下，焉有完卵？教育因素是其二。"富不过三代"，完整的说法是"道德传家，十代以上，耕读传家次之，诗书传家又次之，富贵传家，不过三代。"可见，只传承财富是不靠谱的，只传承技艺也不能长久，惟有品德的传承才是可持续的。

胡润剖析了他的榜单中的经典案例后总结道：这些企业所在的国家都有较为稳定的商业环境和保护私有财产的政策。企业很早就尝试运用所有权与经营权分离的管理方法；在风险管理方面都非常优秀；重视人才培养……

家族需要传承，企业要传承，社会要可持续，各种需求在世纪之交交汇到了一起。美国学者哈钦斯首先提出的学习型社会的概念，彼得·圣吉在《第五项修炼》中提出企业应建立学习型组织，不断自我组织再造，以维持竞争力。联合国教科文组织提出：人类要向着学习化社会前进。现在努力建设学习型家庭、学习型组织、学习型企业、学习型社区、学习型城市、学习型国家已经成为了一股潮流。

快餐大王麦当劳的一个重要法宝就是完备的企业培训体系。麦当劳的汉堡大学（Hamburger University）不但有制作产品的方法、生产及质量管理、营销管理、作业与资料管理和利润管理等基本操作讲座课程，还有提高利润的方式、房地产、法律、财务分析和人际关系等高级操作讲习课程，为企业经验和知识的积累、传承、共享和研发提供了可靠保障。

《基业长青》作者柯林斯对高瞻远瞩型企业做了深入细致的观察，那些最成功的企业往往都构筑一种精神上的信仰，使员工对企业形成一种高忠诚、高凝聚力的精神境界，这种"教派般的企业文化"也许就是现代的"道德传家"。

❖❖❖ 最成功的企业往往都构筑一种精神上的信仰，这种"教派般的企业文化"也许就是现代的"道德传家"。

即类与旁类

一般人学历史，只要知道《春秋》、《史记》和《资治通鉴》，就算义务教育成功，具备历史常识了。所以在左丘明、司马迁、司马光几位史学大家的光芒下，其他史学家是很难进入普罗大众的视野和脑海。南宋的郑樵，就是这样一个在史学界、目录学界名声很大，而老百姓几乎没人知道的史学大家。

历史学家汤因比

郑樵是个为学问而读书的"牛人"，一生不参加科举考试，谢绝人事，闭门读书，自云："欲读古人之书，欲通百家之学，欲讨六艺之文而为羽翼。"30岁刚出头，就读遍东南各地藏书。当时有人称颂他说"惟有莆阳郑夹漈，读尽天下八分书"，大儒朱熹也对他甚是推崇。53岁那年，郑樵著就了以人物为中心的纪传体中国通史《通志》。《通志》的"二十略"涉及诸多知识领域，堪称世界上最早的一部百科全书。

郑樵"牛"的地方不仅仅是 Know What 和 Know Why，而且 Know How，他在《校雠略》中的《求书之道有八论》中说：

求书之道有八：一曰即类以求，二曰旁类以求，三曰因地以求，四曰因家以求，五曰求之公，六曰求之私，七曰因人以求，八曰因代以求，当不一于所求也。

这是我国古代有关知识获取和搜索的最早的经典系统论述。建议搜狐、百度、番薯藤等中文搜索引擎在 HELP 中设立"郑樵求书八法"专页，以显没有数典忘祖。

"求书八法"首推"即类以求"，也就是按照信息所在的行业、专业去搜求，所以了解一个行业、一个专业的学术流派和知识体系就显得非常重要。三百六十行，行行有门道，"行业一人深

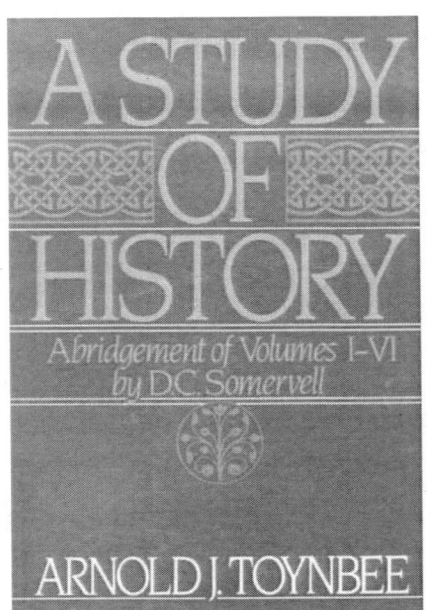

《历史研究》封面

似海"。但仅囿于本行业、本专业的小天地是远远不够的，郑樵指出，还要"旁类以求"，用现在的观点来说，就是收藏某学科、某专业的相关学科、交叉学科的文献。一个专业、一个学科的完整的学科体系，是由它的主干学科、分支学科和相关学科构成，整合、分化和相互交叉、相互渗透，这一点在当今尤为重要。

钱钟书在《围城》中讥讽海外学习中国文学的方鸿渐："学国文的人出洋'深造'听来有些滑稽。事实上，惟有学中国文学的人非到外国留学不可。因为一切其他科目像数学、物理、哲学、心理、经济、法律等都是从外国港灌输进来的，早已洋气扑鼻；只有国文是国货土产，还需要外国招牌，方可维持地位。"其实也大可不必，用研究外国文学的方法研究中国文学，他山之石，说不定可以攻玉。

20世纪英国历史学家阿诺尔德·约瑟·汤因比在他的巨著《历史研究》中指出，以往历史研究的一大缺陷，就是把民族国家作为历史研究的一般范围，这大大限制了历史学家的眼界。事实上，应该把历史现象放到更大的范围内加以比较和考察，这种更大的范围就是文明，包含政治、经济、文化、地理等多个方面因素。汤因比把历史放在一个更大的时间、空间的系统中去研究，被誉为"获得最伟大成就的现代历史学者"。

未来10年至15年，我国的工业化进程仍将保持快速发展态势，工程科技人才需求规模将成倍增长，需求层次和需求类型将更趋多样。中国工程院组织170余位院士和300余位专家，历时2年完成的重大咨询专项课题"创新型工程科技人才培养研究"表明，目前很多所谓"工程创新"往往是鸟笼式创新，学科交叉是当今科学技术发展的明显趋势。

我的设计师兄弟甲，号称3年内看了1000部电影，很多创作灵感，均有大片底子；我的设计师兄弟乙，透露给我他的独门秘笈是，坚持不懈地常年阅读诸如《科学美国人》（Scientific American）之类的行业外资料，很能触类旁通，想到别人想不到的地方。

❀❀设计师甲3年内看了1000部电影，很多创作灵感，均有大片底子；设计师乙坚持不懈常年阅读行业外资料，很能触类旁通。

看不见的手

战国末期韩国的哲学家、法家代表韩非由于口吃（结巴）严重而不善言谈，可他才学超人，思维敏捷，善于著述。在《韩非子·备内》中，他有这样生动的比喻："故舆人成舆则欲人之富贵，匠人成棺则欲人之夭死也，非舆人仁而匠人贼也，人不贵则舆不售，人不死则棺不买，情非憎人也，利在人之死也。"大意是：造马车的人希望人人都富贵，开棺材店的希望人人都早死。并非造马车的人比较好心，而开棺材店的毫无人情味，主要是因为大家富贵，马车才卖得出去，有人死了，棺材店才会有生意。韩非的结论：人往往为自己的利益考虑。

公元前 90 年左右，司马迁从历史上和西汉当代大量的经济活动中总结了许多经济知识以至经济规律，记载在《史记·货殖列传》中。他认为，人类对衣食住行的物质需要是自然形成、客观存在、长久起作用的。比起老子宣扬的"无欲"和孔子鼓吹的"安贫"，这个理论要实在许多。他又说："天下熙熙，皆为利来；天下攘攘，皆为利往。"点明了一个"利"字，是经济活动的焦点。

1776 年，对人性有极其深刻洞察力的英国经济学家亚当·斯密，在《国富论》中对韩非、司马迁呼应道："屠夫、酿酒商、面包师给我们提供食品，不是出于仁慈，而是为了从我们这里得到回报。"斯密认为，每个人在经济生活中，通常并不会考虑他对社会利益起了多少促进作用，他盘算的是他自己的好处，但是在这种情况下，每个人追求个人利益的努力，会被一只"看不见的手"牵着，去实现一种他原

英国经济学家亚当·斯密画像

本无意要实现的目的，最终会促进社会利益。

"看不见的手"让人们"熙熙攘攘地来来往往"，可究竟什么是利？什么是最本质的驱动呢？什么是人最本质的需求呢？美国心理学家亚伯拉罕·马斯洛于 1943 年提出了需求理论，把人的需求分成生理需求、安全需求、社交需求、尊重需求和自我实现需求 5 类，依次由较低层次到较高层次排列。这个理论使需求的解释立体化、层次化、丰满化。"仓廪实而知礼节，衣食足而知荣辱，礼生于有而废于无。"这些命题的解释跃然纸上，不言而喻。

而马斯洛的理论则是源于弗洛伊德医生的驱力理论：人所有本能的目标都是降低自身的紧张感，人的本性是遵循"唯乐原则"的，渴望"享受与放松"是人们行为的内在驱力。这个理论证明了"人之初，性本善"是片面的，"性善论"和"性恶论"都是缺乏科学依据的主观臆想，人之初，追求的是神经元的松弛。

民间那句"好吃不过饺子，舒服不如躺着"看起来似乎更有道理，因为躺着的势能是最小的，这符合最小势能原理。看看窗外悬垂的电线，你就会明白，符合最小势能原理的物体，处于一种最"放松"的状态。所以"唯乐原则"是最小势能原理的生理学体现，万物归原，人往高处走，水往低处流的本质是一样的，前者是自我实现需求的释放，后者是追求最小势能，都是被那只"看不见的手"在牵引。

松弛（Relax）、平衡（Balance）、和谐（Harmony）、大同（Uniform）原来都是一家子。

真实的记录

要审问记录是否真实，首先要探究记录的目的。

如果是从事科学发现，探寻某种规律，真正地进行科学研究，那记录是十分严格和讲究。一般的差错都是能力、方法等客观原因不到位造成的，主观上不会自己娱乐自己。如果记录仅仅是为了给别人看看，为了成为某种对自己有利的证据，为了成为获利的手段和工具，掺水甚至造假的可能性就大大增加了。

儒家学派创始人孔子画像

语言和文字的记录从来就不是客观性的记录，从五官感受到跃然纸上，早就"煎炒烹炸"过无数次了，反复加工的产品，不是纯天然的。所谓"书不尽言，言不尽意"，从理论上为文字记录的失真提供了借口，"只可意会、不可言传"的传统文化又为这种行为添油加醋。

孔子编纂删定《春秋》时的原则是"为尊者讳，为亲者讳，为贤者讳"。他老人家对于当时那些事件重大的，不好定论的史实，欲言又止，讳而不言，以三言两语作蜻蜓点水的手法以褒贬，这就是所谓的"微言大义"。于是乎"春秋笔法"大行其道。

史书、传记也就罢了，仅供参考借鉴而已，出了事体概不负责。反正歌功颂德从来就没有几个人当真，就是当了真也没有什么很严重的后果。而真正要派大用场的记录，人们也绞尽脑汁保证其真实性。

中国古代的诏书，管理起来相当严密，为防有人假传圣旨，除了采用各种加密手段外，还有正本和副本一式两份，类似今日的两联单或者合同，副本存档在宫内，以供验证。《史记·魏其武安侯列传》记载："……孝景时，魏其常受遗诏，曰'事有不便，以便宜论上'。

······书奏上，而案尚书大行无遗诏。诏书独藏魏其家，家丞封。乃劾魏其矫先帝诏，罪当弃市。······"这就是西汉丞相窦婴矫诏案，假传圣旨，诛灭九族。

古代帝皇，举手投足影响巨大，他的私生活也和江山社稷息息相关。在古代文书中，起居注是皇帝日常言行的记录，而内起居注记载的，是皇帝在后宫中的生活情况。如果宫女或后妃恰好怀孕，生下了孩子，就是龙种，要是儿子，没准就是下一任皇帝，万一到时没有原始记录，对不上号，那就麻烦了，所以记录工作十分重要。但鉴于场所及皇帝生活的私密性，实际记录者不是史官，而是太监。这项工作，有一个漏洞，因为事情发生的时候，只有皇帝、太监、后妃（宫女）3 人在场，事后一旦有了孩子，后妃自然一口咬定，而皇帝一般都不记得，万一后妃玩花样，太监的记录不可靠怎么办？所以宫中补充规定，皇帝临幸后，要送给当事人一件礼物，而这件物品，就是证据。复杂而严密！据说明朝皇帝朱常洛就是这种制度的受益者。可见，当记录的真实性触及皇家利益的时候，兹事体大，来不得半点马虎。

※※语言和文字的记录从来就不是客观性的记录，从五官感受到跃然纸上，早就「煎炒烹炸」过无数次了。

19 世纪西方工业革命发明的摄影技术，使人类第一次拥有了真实地记录事实的工具。摄影以它的公正、直接可视等无与伦比的客观性包容了整个人类社会的方方面面，摄影对客观事物进行记录的内在能力赋予其纪实的本性，同样的技术还有录音、摄像等。记录在某种程度上成为了纪实。虽然不时也有移花接木的勾当，但要做到天衣无缝却是难上加难。

数码摄影极大地降低了摄影的门槛，造假成本也大大降低，"PS一下"成为挂在人们嘴边的口头禅。于是乎，陕西出了个周正龙，一介草民也妄图用假老虎照来忽悠世界人民。不过，魔高一尺，道高一丈，数字技术同时大幅度提高了鉴定能力，要想完全地瞒天过海，成本也许会越来越高，以致不能承受，这正是吾辈所期望的。

数字技术同时也让记录的成本大大降低，于是档案"多如牛毛"，几致"成灾"。2009 年布什政府卸任时，仅电子档案存储量为大约 1 亿 GB，是克林顿政府档案总量的 50 倍。虽然给档案处理工作带来前所未有的挑战，但人们还担心副总统切尼或许"藏私"档案，因为这位老兄曾在一次演讲中说："人们告诉我，研究人员喜欢跑来翻阅我的档案，以期找出一些有意思的材料，我想祝他们好运。材料薄得很。我早就学会这一点：如果你不希望自己的备忘录令你某天卷入麻烦，那就干脆什么也别记录。"

一语道破天机！

 老化的是心灵

钱钟书先生在他的名著《围城》中，挪揄三闾大学校长高松年的时候，有这么一段精彩的议论：

三闾大学校长高松年是位老科学家。这"老"字的位置非常为难，可以形容科学，也可以形容科学家。不幸的是，科学家跟科学不大相同；科学家像酒，愈老愈可贵，而科学像女人，老了便不值钱。将来国语文法发展完备，终有一天可以明白地分开"老的科学家"和"老科学的家"，或者说"科学老家"和"老科学家"。现在还早得很呢，不妨笼统称呼。

这段议论被无数"钱迷"们津津乐道，奉为"钱氏幽默"的经典，我也曾非常佩服。不过随着时间的推移，我慢慢地开始疑惑："科学老了真的不值钱吗？"文学家对科学的论述，终究还是隔了一层的，艺术家的比喻，也当不得真理。

近年来人们经常说起的一个话题就是"知识的老化和更新"，我实在不敢苟同。知识，在不同的历史时期，被各种不同的人物，从各种不同的角度，有过各种不同的定义，轻言"老化"恐怕显得轻率。更有甚的是，有人提出"知识老化速度"，煞有介事地说"18世纪知识陈旧的速度为80~90年，近50年缩短为15年，甚至有的学科已缩短为5~10年"；"统计结果表明，一个人从大学只能获得10%有用的知识"。如果用学科数和文献数的增长来表明知识增长速度，我还能接受，令我纳闷的是，连"老化"的定义都没有，就得出"定量"的"老化速度"了？

不容忽视的是，知识增长越来越快，著名的"摩尔定律"作为对发展趋势的一种分析预测，在知识界也有它的影子。社会的发展对知识的需求越来越广，越来越深。各种学科在快速的发展中不断加入了新内涵，拓展了新的外延。但作为一种科学、一种知识，它的属性、作用和意义是多方面的。一种知识体系，也许在某个领域暂时不再起作用，但它的结构体系，它的运用方法，

它在知识史上的地位，都是构成人类知识体系的一部分，在其他领域的价值尚待发掘。就像废墟上几千年的断垣残壁，早就失去了原先围护的功能，但在考古学家的眼中，却代表了那个时期的文化和技术，代表了人类文明发展的轨迹。

苏东坡与惠崇和尚戏语，苏东坡说："我看你像牛屎。"惠崇说："我看你像如来。"苏东坡不解，这和尚怎么以德报怨呢？旁观者云："心存牛屎，看人皆如牛屎；心存如来，看人皆是如来。"也许正是心存浮躁，所以看天下物皆为可弃。看待知识，不应该仅仅只从暂时有用与否来判断。

有人曾经说，大学四年的课程中，只有十几门是有用的，其余都是浪费时间，我讶异于其近乎只想吃"最后一个馒头"的饿鬼心态。姑且不说那剩余的几十门课程提升了我们的学习方法和学习能力，那触类旁通、潜移默化亦非短短几年所能感受，而正是它们构成了知识金字塔的底座。

经历了"破四旧"、文化大革命、批判孔孟之道的父辈们，现在大都痛心疾首，价值连城的文物被毁坏，优秀的传统文化被践踏。所以，我们现在处于重新学习经典、认识传统、寻找过往的时代。科学的发展是一个螺旋的上升过程，也许整体观念会被取代，会被更替，但那探索的过程，阶段性精华的光芒会永远存在。希望我们不要重演曾经的愚昧。

批判理性主义的创始人卡尔·波普尔认为，可证伪性是科学的不可缺少的特征，科学的增长是通过猜想和反驳发展的，理论不能被证实，只能被证伪，绝对的真理是不存在的。与之相对，绝对的无用也是不存在的。

由于专业的关系，我经常接触一些"无效"的技术标准，由于技术的发展和社会要求的提高而不再适用于新产品了，这也许是标准意义上的"老科学"了。但"无效"并不等于"无用"，相反它们有用得很，那些参照它们制造出来的产品、文物甚至古董的鉴定和维护，都要以它们为依据。它们还是新标准升级的参

盲人摸象

❖❖世界并不缺少美，缺少的是发现美的眼光。知识的价值是多维的，缺少的是感悟知识的心灵。

老化的是心灵

照，有趣的是，升级了几个版本以后，有时又会回到最初的版本，"老科学"焕发了青春。

我经常看到一些所谓的知识管理系统中有一个删除模块，我不知道它要删除哪些所谓无用的知识？哪些案例？哪些规则？哪些数据？我的心总是隐隐作痛。前事不忘，后事之师，一个容易遗忘的民族是没有前途的民族，组织、个人也一样。如果系统存储有限，我觉得最好是用把使用率低的部分迁移保存，需要的时候还可以导入。

对于"信息爆炸"和"知识爆炸"，我个人是无以为惮的，相反还持非常欢迎的态度，我坚信魔高一尺，道高一丈，应对它们的将是"智慧爆炸"。数据挖掘和智能搜索就是手段之一。数据挖掘又称为数据库中的知识发现，就是从大量数据中获取有效的、新颖的、潜在有用的、最终可理解的模式的非平凡过程。简单地说，数据挖掘就是从大量数据中提取或"挖掘"知识，在庞大的数据库中找出有价值的隐藏事件，并且加以分析，获取有意义的信息作为进行决策的依据。

《大般涅槃经》有这么一段记载："尔时大王，即唤众盲各各问言：'汝见象耶？'众盲各言：'我已得见。'王言：'象为何类？'其触牙者即言象形如芦菔根，其触耳者言象如箕，其触头者言象如石，其触鼻者言象如杵，其触脚者言象如木臼，其触脊者言象如床，其触腹者言象如瓮，其触尾者言象如绳。"我们对很多事物的最初认知往往正如"盲人摸象"，以偏概全。

米兰·昆德拉在他的《生命不能承受之轻》的序里说："人类一思考，上帝就发笑。"虽然有很多调侃的成分，却也不无道理。数据挖掘能帮助我们更系统、更全面、更深入地发现事物的关联。所以要善待那些数据、信息和知识，让上帝吃惊吧！

"有两种东西，我对它们的思考越是深沉和持久，它们在我心灵中唤起的惊奇和敬畏就会越来越大地充溢我的心灵，这就是繁星密布的苍穹和我心中的道德律。"这是人类思想史上最气势磅礴的名言之一，也是人类对知识最深层的思索和感悟之一，它刻在康德的墓碑上，出自康德的"实践理性批判"最后一章。

世界并不缺少美，缺少的是发现美的眼光。知识的价值是多维的，缺少的是感悟知识的心灵。知识也许会局部老化，重要的是心灵不要老化。

三三两两

中国北方的方言里，"二"是很带有些贬义的，指那些傻里吧唧又自我感觉良好的人，形容他们认真偏执得有些不近世俗。网络时代，"二"又成为时尚的自嘲语，"文艺"、"普通"、"特二"成为流行的身份标识。

西方人对"二"的执着也是有着悠久的传统的，在古希腊，一个名叫芝诺的哲学家就擅长用二分法来提出很多悖论，在二分法的基础上又推出很多诸如"阿喀琉斯追不上乌龟"、"飞行的箭矢其实是静止不动"的之类让亚里士多德也头痛不已的悖论。芝诺在哲学上被亚里士多德誉为"辩证法的发明人"，黑格尔也称芝诺是"辩证法的创始人"。

在中国，也有很多"牛人"在研究"二"，最早的叫伏羲，他根据天地万物的变化，发明创造了八卦，太极生两仪，两仪生四象，四象生八卦。

数学家戈特弗里德·莱布尼茨画像

到了商朝，一个叫姬昌的诸侯被人告发，让商纣王关了起来，郁闷与无所事事之余，潜心研究八卦，把八卦推演成六十四卦。后人将他的研究结果汇总成一本书，叫作《易经》，此书可大大的重要，乃中国古典十三经之首。

1667年，德国人莱布尼茨看到了法国人帕斯卡尔发明的加法机，立志要造一台乘法机。可乘法机的难度不是一般的大，正当莱布尼茨山穷水尽时，突然间收到了他的传教士朋友从北京寄给他的"伏羲六十四卦图"，大受启发，写出了标题为"1与0，一切数字的神奇渊源。这是造物的秘密美妙的典范，因为，一切无非都来自上帝。"的论文，

※※心疼孩子的父母，就容易将就；望子成龙心切的，又容易走极端。※※"易子而教"，用管理的术语，叫"所有权"和"执行权"分离。

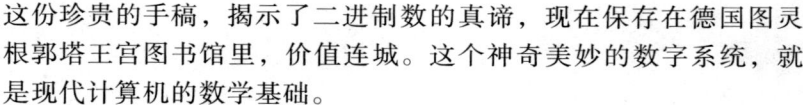

这份珍贵的手稿，揭示了二进制数的真谛，现在保存在德国图灵根郭塔王宫图书馆里，价值连城。这个神奇美妙的数字系统，就是现代计算机的数学基础。

《孟子》和《论语》一样，也是很多中国古代经典教育理论的发源地。在《孟子·离娄》篇中，公孙丑问孟子："为什么君子不肯亲自教导自己的孩子呢？"孟子做了洋洋洒洒地回答，大意是父子之间有很多条平行的关系线，很难平衡好，过严过宽的尺度不好把握。打个比方，心疼孩子的父母，就容易将就；望子成龙心切的，又容易走极端。"易子而教"，用管理学的术语，叫"所有权"和"执行权"分离。

同样的"两权分离"理论也在其他领域践行，古代的医家也有"自家人不给自家人瞧病"的说法；推荐贤达，"避亲"总比"不避亲"靠谱一点；企业里，董事长和总经理各司其职。

在很多人潜心研究"二"的时候，有人觉得意犹未尽，于是提出"道生一、一生二、二生三、三生万物"，从二进到三，实在是上了一个层次。提出这个论断的人被尊称为"老子"，当之无愧。

"三"可以说是"二"的内插，也可以说是外推。"三"实在是个神奇的数字，不但把二分法衍生成三段论，而且打造了一个相互依赖、彼此制约、协同进化的循环模型。小朋友喜欢用"包、锤、剪"赌输赢，老百姓喜欢用"棒、鸡、虫"来玩博弈，政治家崇尚三权分立，逻辑学家常用三段论，建筑师着迷三段式，剧作家爱用三一律，画家爱用三原色。三为解析万事万物万理提供了哲学基础。

在西方，古希腊的亚里士多德提出了著名的政体三要素论，把国家的政权划分为议事权、行政权和审判权，这也是现今美国政体三权分治的理论基础。分权的目的在于避免独裁者的产生。古代的皇帝以至地方官员均集立法、执法（行政）、司法三大权于一身，容易造成权力的滥用。即使在现代，立法、运用税款的权力通常掌握在代表人民意愿的议会中，司法权的独立在于防止执法机构滥权。

如果"二"也没套路、"三"也没章法，那就应了一句俗语，叫作"不二不三"。

"贬值" 的价值

传播学之父威尔伯·施拉姆在他的《人类传播史》中有这样一个比喻：如果把人类发展历史的 100 万年假设成一天，那么晚上 11 点（4 万年前），语言出现了，晚上 11 点 53 分（3500 年前），文字出现了。这一天的前 23 个小时，人类的信息与知识交流几乎全部是空白，一切重大的发展都集中在这一天的最后 7 分钟。

传播学之父威尔伯·施拉姆

这 7 分钟里出现了文字、纸张、印刷术、电话、电台、电视、电脑、互联网等一切和知识的保存、交流、传播、处理相关的载体和技术，毫不夸张地说，知识的发展就是人类文明的发展的核心。在有记载的人类历史初期，知识一直处于无比尊贵的地位，掌握知识是贵族和僧侣的特权。孔子、老子、释迦牟尼、穆罕默德、苏格拉底、柏拉图、亚里士多德这些如雷贯耳的名字后面有一个共同的身份——贵族和特权阶层。

古埃及的莎草纸，欧洲的羊皮纸，中国的丝帛竹简这些昂贵的载体，把知识牢牢地禁锢在一个稀缺的位置上，知识的保存、传播和交流的成本极高。知识是和身份地位连接在一起的，是其余 90% 以上位于金字塔底部的以生存为目标的奴隶和贱民所无法企及的奢侈品，拥有知识的人受到无比的敬仰。

中国古代把人按着为社会贡献大小的顺序分为四等，叫作"士农工商"。"万般皆下品，唯有读书高"，读书人排第一位。宋朝皇帝的名言："书中自有黄金屋"更是把百姓对读书和知识的崇拜推到无以复加的地步。

纸张和印刷术的发明使知识有了大规模复制的可能，大大降

❈❈科技的发展带来了信息和知识的爆炸，知识的稀缺性越来越低，开始了第三次的大规模『贬值』。人类的文明站在了新的高度。

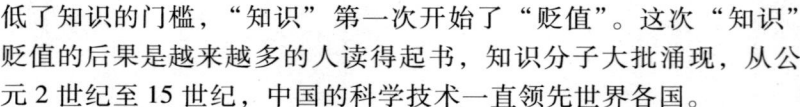

低了知识的门槛，"知识"第一次开始了"贬值"。这次"知识"贬值的后果是越来越多的人读得起书，知识分子大批涌现，从公元 2 世纪至 15 世纪，中国的科学技术一直领先世界各国。

当时的欧洲还处于中世纪的黑暗中，教会控制了知识和文化，写在羊皮纸上的圣经是只有贵族和僧侣才有资格读的，对普罗大众而言，属于紧缺和稀有资源。造纸术的传入和古登堡印刷术的发明，大大缓解了知识的稀缺性，这是人类历史上第二次大规模的知识"贬值"，极大地推进了欧洲科学文教的繁荣和整个社会的进步，为文艺复兴和欧洲进入工业时代奠定了基础。在这种社会氛围下，英国哲学家弗兰西斯·培根提出了"知识就是力量"这句妇孺皆知的经典名言。

进入以大规模制造为基本特征的工业社会，随着物质的极大丰富，社会的民主程度也大大提升，接受教育，获取资讯都变成了基本人权。摄影、电话、电视、电脑、网络的出现带来了信息过载和知识爆炸，各类知识的稀缺性越来越低，可替代性越来越高，知识开始了第三次的大规模"贬值"。人类的文明站在了新的高度。

任何一种行为、技术、思想，只要是促进人类文明的发展的，就值得我们尊敬。从这个意义上，蔡伦、古登堡、达盖尔、马可尼、冯·诺依曼、比尔·盖茨、伯纳斯、乔布斯都是如此。

![知识理念] 常识与见识

余光中先生曾诙谐地把朋友分成 4 种类型：高级而有趣、高级而无趣、低级而有趣、低级而无趣，并且作了知识结构的剖析：高级而无趣的朋友拥有世界上全部的学问，独缺常识，低级而有趣的朋友则恰恰相反，拥有世界上全部的常识，独缺学问。把"高级低级"、"有趣无趣"分别与"学问"、"常识"作了映射，读来让人忍俊不禁。

革命家托马斯·潘恩画像

工程师之间流行着一个嘲弄"技术性思维"的笑话。牧师、律师还有工程师被送上了断头台。第一个轮到的是牧师，开始执行，可是刀没有落下来，牧师说："这是神在保佑他"，于是他被释放了；第二个轮到的是律师，奇怪的是，刀也没有落下来，律师说："根据法律上的规定，一个人不能因为同一罪状被判两次死刑"，于是他也被释放了；最后轮到工程师，当他的头被按在那里的时候，他抬头看了看刀架，然后喊到："等一等，我知道故障在哪里了！"这大概就是拥有世界上全部的学问，独缺常识。

我在余先生原创的基础上稍作改良，把他的"二分法"扩大一下，把知识区间涂成"三截棍"，两端分别是常识和见识，至于中间，不提也罢。

"常识"（common sense），顾名思义是普通和一般的知识，小学义务教育的一门必修课，国家的义务教育的责任之一就是让公民具备常识。这看来天经地义的事情却偏偏不那么简单，围绕着"常识"也经常生出许多故事来。

历史上有许多以《常识》为名的书，最有名的大概是北美独立战争时期极负盛名的宣传鼓动家托马斯·潘恩，以他的一本小册子，

❖❖❖当你不能理解一项问题时，就回头去从最基本的来。最伟大的真理往往太重要了，以至于不可能是新的。

推动了北美独立的革命风暴。常识是大多数人不敢说的怯懦时刻说出真相；常识是在大多数人不明白的困惑时刻说出真相，就像《皇帝的新衣》中的那个小孩子告诉世人：皇帝并没有穿着衣服。

评论家梁文道出过一本时评集，也冠名《常识》。他的解释是："本书所集，无甚高论，多为常识而已。若觉可怪，是因为此乃一个常识稀缺的时代。"

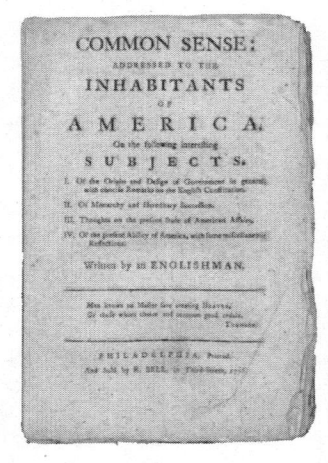

《常识》封面

美国有一个管理专家叫米契尔·拉伯福，写了一本书叫作《世界上最伟大的管理原则》，书中说最伟大的真理往往最简单："当你不能理解一项问题时，就回头去从最基本的来，你会发现一些答案的。最伟大的真理往往太重要了，以至于不可能是新的。"所以，违背常识的后果往往是灾难性的。

"见识"往往指明智地、正确地作出判断及认识的能力，它衍生出的成语"高见远识"、"远见卓识"、"多见广识"足以显现人们对"见识"的敬仰之情。过去一般碰到稀有的事情，或者夸奖对方档次高，总喜欢把"长了见识"挂在嘴边，相当于现在常用的"开阔视野、启迪思维"之类。

"见识"好比知识金字塔的那个塔尖。水涨船高的知识经济时代，知识金字塔是越来越高，越来越多，要见多识广，使用老办法是越来越不容易了。当然随着知识管理理念的普及，信息技术的不断发展，"长见识"的成本越来越低了，效率越来越高了。

"见识"有时体现为敏锐的洞察力，有时体现为领先的意识，它是比技能更重要的前提。无论如何，创新是离不开"见识"的。

"常识"是赖于生存的基础，"见识"是提高发展的手段。只是随着"见识"的不断提升，"常识"的底线也越来越高了。

知识的结构

庄子在《养生主》中说："吾生也有涯，而知也无涯。以有涯随无涯，殆已。"其大概意思是"我们的生命是有限的，而知识是没有穷尽的。以有限的生命去追求无限的知识，那是很危险的"。教导我们不要盲目地追求知识。可是弱水三千，取哪几瓢呢？这就涉及了知识结构的建立、维护和更新。

道家代表人物庄子画像

英国侦探作家柯南道尔在《血字的研究》中，借华生的眼睛对福尔摩斯作了这么一段剖析："……他既不像是为了获得学位而研究，也不像是为了能够进入学术界。然而他对某些方面研究工作的热忱却是惊人的；在一些稀奇古怪的知识领域以内，他的学识却是异常的渊博……他的知识疲乏的一面，正如他的知识丰富的一面同样地惊人。关于现代文学、哲学和政治方面，他几乎一无所知。……最使我惊讶不止的是：我无意中发现他竟然对于哥白尼学说以及太阳系的构成，也全然不解……"于是，华生描述了夏洛克·福尔摩斯的学识范围：

1. 哲学、天文学知识——无；

2. 政治学知识——浅薄；

3. 法律知识——关于英国法律方面，他具有充分实用的知识；

4. 文学知识——现代文学知识无，惊险文学知识很广博，似乎对近一世纪中发生的一切恐怖事件都深知底细；

5. 植物学知识——不全面，但对于莨蓿制剂和鸦片却知之甚详。对毒剂有一般的了解，而对于实用园艺学却一无所知；

6. 地质学知识——偏于实用，但也有限。但他一眼就能分辨

◆◆◆华生用「学识范围」来表述，福尔摩斯也巧妙地比喻了「知识结构」的建立和维护方法，这也许就是福尔摩斯的秘诀之一吧。

出不同的土质。他在散步回来后，曾把溅在他的裤子上的泥点给我看，并且能根据泥点的颜色和坚实程度说明是在伦敦什么地方溅上的；

7. 化学知识——精深；

8. 解剖学知识——准确，但无系统；

9. 音乐、体育知识——提琴拉得很好；善使棍棒，也精于刀剑拳术。

英国作家柯南道尔

对此，福尔摩斯微笑地辩解说："……即使我懂得这些，我也要尽力把它忘掉……，我认为人的脑子本来像一间空空的小阁楼，应该有选择……总有一天，当你增加新知识的时候，你就会把以前所熟习的东西忘了。所以最要紧的是，不要让一些无用的知识把有用的挤出去……"

华生用"学识范围"来表述我们现在的所说的"知识结构"。福尔摩斯也巧妙地比喻了"知识结构"的建立和维护方法。也许合理的知识结构是福尔摩斯成为一个高效率的侦探的秘诀之一吧。

从理论上讲，知识结构是一个比较模糊、抽象的概念。所谓知识结构，是指一个有序的知识系统。合理的知识结构，应该是一个互相协调、具有一定层次的系统，一个由各类知识按一定规则和方式组成的、具有实用功能的有机体。知识结构包括两个方面，即知识的各个部分和内容以及各个部分的相互关系。实际上，知识结构就是知识的各个要素以及各个要素的相互关系。

知识结构各部分的数量和比例是很难量化的，只能从大量的实践和总结中，定性地划分其具体内容。按照系统论的观点，系统的性质、功能、特点，不在于系统的要素，而主要取决于系统的结构，即要素间的排列方式。建立合理的知识结构，涉及结构的功能问题。一个合理的知识结构要从基础性、专业性、全面性和重点性几个方面去把握和评判。

个人的知识结构的建立要围绕其个人职业生涯规划来构造。每个人都有一定的知识结构雏形，人们总是根据这个雏形来确定发展目标，在实现目标的过程中，逐渐完善知识结构。知识积累不仅靠记忆，更要靠融会贯通，和已有知识建立起有效的联系，成为系统化的知识。目标明确，才能懂得不同知识的价值，易于形成知识结构的核心，也易于限制知识的范围，以便更好地猎取与目标相关的知识，迅速建立合理的知识结构。针对不同的专业特点，国内外相继提出了多种多样的知识结构模型，这些模型是从不同的角度提出来的，各自有一定的适应范围。

对于专业人士，其知识构建通常是金字塔型。金字塔型知识结构在发明、创新和科技人才中比较常见，具有普遍性。金字塔型知识结构是适应性最强的一种结构形式，每个人的知识结构基本上都可以概括成这种模式。塔的最高点代表最尖端的专门学问，由顶点往塔基方向，代表旁收博览的各种相关或不相关的学问。总体来看，塔式结构中，有基础知识、专业基础知识、前沿知识3个层次。3种知识互相促进、互相转化，但在一定时期又相对稳定。基础知识要广博深厚，专业知识要精深，前沿知识要新颖。这种知识结构有利于迅速接近前沿，容易把宽厚的知识集中到一点，突破主攻目标，厚积薄发，取得显著成效。胡适就知识的广博与精深之间的关系发表过一段精辟的评论："理想中的学者，既要博大，也要精深。精深是他的专门学问，博大是他的旁收博览。博大要几乎无所不知，精深要几乎唯我独尊，无人能及。"

哲学家胡适

对于全面型、复合型人才来说，其知识构建通常是"T"型和"Π"型。横线代表广泛而扎实的基础知识，基础知识必须宽厚，包括数理化等自然科学知识，一定的社会科学和人文科学知识、哲学知识、科学方法论等。下面竖线代表一个或几个领域中精深的专业知识。这是一种比较理想的知识结构。现代科学技术发展日新月异，专才和知识面狭窄的人才越来越难以适应形势发展的需要，甚至有人提出，任何类型的人才都应该建立这种结构。全面型、复合型人才从系统控制论的角度来看，是"博"和"专"结合的，既有多学科的横向专业结构，也有高、中、初的纵向层次结构，用钱学森教授的话，叫作"集大成、得智慧"。

明确自己的个人知识结构，是开始系统个人知识管理的开始。《礼记·中庸》用"博学之，审问之，慎思之，明辨之，笃行之"来说明为学的几个层次，用来比喻个人知识结构的建立和锤炼，也是很贴切的。知识结构的发展是一个螺旋式上升的过程，路漫漫而其修远，一起上下求索吧。

❋❋❋华生用『学识范围』来表述，福尔摩斯也巧妙地比喻了『知识结构』的建立和维护方法，这也许就是福尔摩斯的秘诀之一吧。

伤害与保护

　　《千谎百计》（Lie to Me）是一部描述谎言心理学的美国电视剧，主要故事依据美国心理学专家保罗·艾克曼博士的研究成果（人类面部表情的辨识、情绪分析与人际欺骗等）。剧中主人公利用动作编码系统分析被观察者的肢体语言和微表情，进而向他们的客户提供被观测者是否撒谎的分析报告。该剧 2009 年首播于福克斯电视网后，受到影迷们的疯狂追捧。

古希腊哲学家苏格拉底画像

　　剧中有一句名言："普通人在每十分钟的谈话中会说三个谎话。"主人公莱曼博士可以从一个人不经意地耸肩，搓手，或者扬起下嘴唇等动作和表情中读懂一个人的感情，这种能力对于他来说既是天赐之福，也是诅咒。他会发现家人或友人之间互相欺骗，让自己感觉在面对诈骗犯与陌生人。其实莱曼博士大可不必过分烦恼，因为谎言是一种社会生存机制。

　　在色诺芬的《回忆苏格拉底》中，记述了苏格拉底与学生讲有关"正义"和"非正义"的对话。苏格拉底询问学生，欺骗属于正义还是非正义？学生回答非正义。苏格拉底又问如果作战时欺骗了敌人，这些行为是否是非正义的呢？学生最后得出结论，认为这些都是正义的，而只有对朋友这样做是非正义的。苏格拉底又提出，在战争中，将军为了鼓舞士气，以援军快到了的谎言欺骗士兵，制止了士气的消沉，这个行为是否是非正义的呢？学生得出结论，认为这些行为都是正义的。这就是著名的苏格拉底方法，行为本身没有好与坏之分，要结合具体的情况来分析。

　　专家们称谎言的好处就是逃避一些不能或是不想被别人知道的事，如果要强制区分的话，可分为善意、恶意和自我保护 3 类。

善意的谎言也被称作 White lie，是为他人利益考虑的，甚至会伤害自己，是一种高尚的行为。比如为了避免社交尴尬的借口，为了调节病患者的情绪而有利于康复的托词，为了鼓励人们奋发而编织的愿景。

恶意的谎言通常是强势阶层对弱势群体的欺骗。比如欠薪的老板，电信的诈骗，食品的安全，庄家的炒作，服用兴奋剂的运动员，通过伤害他人的利益来获得自己的利益，而这种利益原本就不应属于他的。

自我保护的谎言的动机是为了保护自己免于受到伤害或威胁，也许是某种惩罚，也许是原本能够得到的奖赏，这是一种社会生存机制，就像动物的壳，保护着人们远离伤害。詹姆斯·斯科特在他的代表作《弱者的武器》中说道，对强势阶层的不信任，是弱势人群的基本特性，狡诈和欺骗，既是他们的生存伦理，也是他们的抗争策略。

电影《闻香识女人》中，善良上进的贫困学生查理无意间目睹了几个学生准备戏弄校长的过程，校长让他说出恶作剧的主谋，否则将予以处罚。站在朋友的角度与公正的立场，查理拒绝回答了校长的问题。影片最精彩的片段莫过于史法兰中校在听证会上为查理辩护的证词："我不知道今天查理保持沉默是对还是错，我不是法官，但我可以告诉你们，他不会为了自己的前途而出卖任何人。朋友们！这就是人常说的正直，这就是勇气，这才是未来领袖所具有的品质！……"

谎言和诚实的纠结在这一时刻完全让位于正直和勇气，这才是我们追求和期盼的。

❖❖ 谎言的好处就是逃避一些不能或是不想被别人知道的事。如果要强制区分的话，可分为善意、恶意和自我保护三类。

知之·好之·乐之

　　有一档叫《头脑风暴》的谈话节目，名字取得比较讨巧，自然也就吸引了不少眼球，辅以主持人的灵活机智，收视率倒也很高。有一期的话题是"培训业真金何在？"大肆讨论培训业的江湖风云，逗哏与捧哏，也弄得热热闹闹。看了以后，倒真像做了一场培训，体验了一把"三动"——听听激动、看看感动、完了不动。

　　对培训的期望过高的根源在于试图靠几堂课就改变自己命运的妄想和急于揠苗助长的老板，根本上在于"急吼吼"的浮躁心态。

　　东邻日本也未能免俗，在近期的日本畅销书排行榜上，一本名为《卷卷就减肥》的生活实用书占据了榜首的位置。这本书介绍了一种简便省力的减肥方法，只要利用每天早上和临睡前刷牙的时间，顺便将橡皮带卷在身上，就能完成形体的改造。就算再没有耐性的人，也会因为方法简便而坚持下来。于是，在眼下这个"多忙时代"，省时又省力的"就书"正给忙碌的现代人带来难以抗拒的诱惑，和那本《把吃出来的病吃回去》有异曲同工之妙。效果如何？也就是"肥了"那帮策划人。

　　虽然说现在信息泛滥，知识爆炸，但和装进你的脑袋，变成你的本事还不是一回事，从来没听说过翻过一遍大英百科全书的人就是学识渊博的高手，当然绝大多数人从来没有产生过要去翻一遍的念头。

　　2008年，美国国家工程院公布由专家评选出的人类在21世纪面临的14大科技挑战。专家认为，如果这些难题被攻克，人类生活质量将有所提高。其中第4项就是"如何提高人类自学能力"，可见把知识变成智慧是一个国际性的难题。

　　在《论语》中，孔子曾经很精辟地论述过学习的方法："知之者不如好之者，好之者不如乐之者。"就是说对于任何事情了解它的人

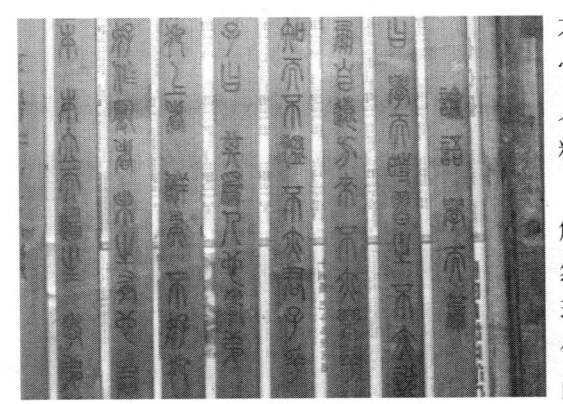

竹简上的《论语》

不如喜爱它的人，喜爱它的人不如以它为乐的人。我认为没有比这更精辟的了。

知道一个观念，了解一个理论并不难。虽然人的一辈子注定会发现自己越来越无知，但信息社会已经把"知"的成本极大地降低了。

◆◆「知」是听闻，进一步就是晓得；「识」是辨别，进一步的是理解。闻而不辨，也就是个两脚书橱。

但光是"知"还远远不够，还要"识"。古语云"闻之为知，辨之为识"，可见从"知"到"识"是一个递进的过程，"知"是听闻、晓得，"识"是辨别、了解，进一步的是理解。闻而不辨，也就是个两脚书橱。

但了解、理解和应用之间，还有不小的差距。"好之"就是喜欢上了，喜欢上了就会比较主动，主动了就比较有把握。窈窕淑女，君子好逑，知识也一样。所以"好之"解决了态度问题。

"乐之"则是尝到甜头，"学而时习之，不亦乐乎"，那是因为验证了知识的力量，小投入大产出，低投入高产出，乐乎大发了，"乐之"解决了源源不断的动力问题。颜回"一箪食，一瓢饮。人不堪其忧，回仍不改其乐"，清代才子金圣叹作"不亦快哉"三十三则，皆此中楷模也！

不愿与不能

我的一个大学老师曾经开玩笑地说，他的人生有两大障碍，戒烟和读《红楼梦》，什么时候《红楼梦》读完了，估计烟也就能戒掉了。

理学家程颐画像

有个同事在国外游历回来后，忽然为自己找到了借口，说国外有人发现一种病叫作"阅读障碍症"，指智力正常的人在阅读方面出现学习困难的状态，与其中枢神经系统的某种功能失调有关，属于"神经病"，估计自己也有这种病，所以看到书就头晕。对种种障碍症的认识和研究，是科学的进步和社会对弱势群体关爱的表现，其实，绝大部分人都是正常的，通过正确的教育、培训和学习，可以掌握很多理论和技能。

真正的障碍有二：一曰"不愿"；二曰"不能"。"不愿"是态度和理念问题，"不能"是方法问题。

孔子曰："学而时习之，不亦说乎？"朱熹在《论语集注》中引用程颐的话说，学了以后要经常复习，所谓"习，重习也。时复思绎，浃洽于中，则说也"。这显然是在讲学习技巧，可能和"书读百遍，其义自现"有一定的联系，但我很难体会到一遍又一遍的复习有什么乐趣，曾仕强老先生也这么认为。他进一步解释说这个"习"字，应该理解为"习惯"，养成习惯就乐趣无穷，比较契合终生学习的先进理念，但离主题还是比较远，养成"习惯"干什么？

我个人倾向于学以致用的说法，学问经常派到用场，是很快乐的事情。这里"习"乃实践、行动验证之意，相应的翻译是"学习一项本领、一个技能、一种知识，然后不断地、周而复始地去在实践行动中去验证他，不是一件很愉悦的事情吗"？这种解释就把这句话变得像"知识就是力量"一样有说服力和鼓动性。

这里也暗合了经济学的投入产出原理，学了不派用场，好比屠龙之技，要它做甚？当然，并不是只有经天纬地才算用场，普世济人，修身养性也都算。

俗话说，人到五十不学艺。六十岁学吹打，那个时代是要让人笑掉大牙的。这两句话是不愿学习者的理论依据，所谓"祖训"。古人寿短，"人生七十古来稀"，五十岁呜呼，算得寿终正寝，六十岁属于小概率事件。到了该死的年纪了，还学什么新鲜玩意儿啊？吃点老本将就将就得了。现在的某些制度也为这种倾向推波助澜，人事部门就规定，五十岁不能提拔某某级别，五十五岁就要改为"非领导职务"。就算"Good Good Study"，也没有机会和地方去"Day Day Up"了，还是"投入产出"在起作用。企业推广新技术，临近退休的员工总是明推暗阻，同一个道理。

有个企业家很沮丧地说，他花了很多钱去学习，也为员工培训投入很多，感觉学了很多东西，但企业还是老样子，没有什么大的起色。这属于"不能"的范畴，不能的障碍有两种，"入门的障碍"和"阶梯的障碍"。

所谓入门的障碍，就是指看上去令人望而生畏，而屏口气一个猛子扎进去，却可以渐入佳境，关键有勇气是跨出第一步。大一时候本人附庸风雅，第一次去听交响乐，似懂非懂。多听几次，就甘之若饴。那些不肯尝试的兄弟，至今进了音乐厅还是一副"听隔壁黄木匠锯木头"的表情。

而阶梯的障碍就好比小学生去学微积分，还差一大截呢。梦想一口吃成胖子是不可能的，得填平这个鸿沟。有个兄弟曾告诉我晚上用《史记》催眠，效果好极了。前阵子他说，看完电视剧《汉武大帝》，读《史记》流畅多了，一晚上能读 20 来页，历史剧竟成了经典的导读指南。

所以填平这些鸿沟的市场巨大。《百家讲坛》就是一个巨大的成功者，风靡国内的第一畅销书《明朝那些事》也搭上了这条船，韩国漫画家李元馥的"漫游列国"受到空前好评，美国人推出的傻瓜丛书（for dummies）专门介绍各类新概念……

单位里有个同事和我诉苦，ISO 质量体系

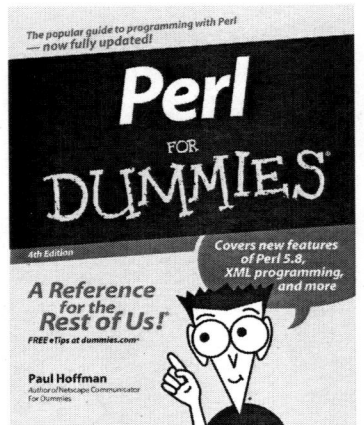

For Dummies 系列丛书

※※ 有一种病叫作『阅读障碍症』，是指智力正常的人阅读困难，与中枢神经系统的某种功能失调有关，属于『神经病』。

实在太枯燥，五六个新词一下子涌入眼帘，脑子就成为浆糊了。对此我深表理解并有同感，我也是过来人，当年咬牙读了几遍方才搞懂。对于普通员工，也许漫画、动画效果更好吧。

2009 年《百家讲坛》造就了"史上最牛历史老师"袁腾飞，讲课嬉笑怒骂，给学生带来无穷的乐趣。有粉丝为了听他的课，直言再参加一次高考也愿意。这样的老师，大概是破除障碍的最大法宝了。

知识理念藏 利益与眷恋

有人说，这个世界，除了出土文物和自己的老婆不适宜喜新厌旧，其他的都是越新越好。其实新东西并不都是那么容易让人喜欢的，尤其是新理念和新思想。

正在预初学习不等式的儿子，一天嘟嘟囔囔地对我说，不等式烦死了，两边除个负数还要变号，哪像方程那样方便。我听了哈哈大笑，我在读中学物理的时候，也对交流电产生过同样的感觉。直流电就很简单，尤其是恒定直流电，大小和方向都不变，解题很简单。交流电又是变相又是正弦，除了加减乘除还要附带三角计算，一不小心就容易出错，实在让人讨厌。

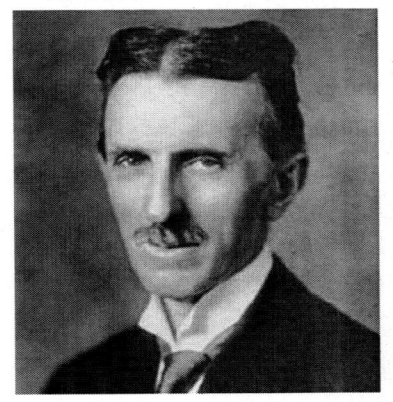

科学超人特斯拉

像我一向讨厌交流电的还有爱迪生，美国的发明大王，直流发电机的发明者。爱迪生发明直流电后，电器得到广泛应用，而电费同时却十分高昂，所以经营直流电赚头很足。1882 年，美国最伟大的电子工程师尼古拉·特斯拉发明了交流电，并制造出世界上第一台交流发电机，对直流电造成了莫大的威胁。爱迪生通过媒体大事渲染，宣称特斯拉是科学界的一大"异端"，交流电直接影响人类的性命安全，并屡次展示狗和猫如何通过交流电后瞬间死亡。爱迪生甚至买通官员，把死刑由绞刑改为交流电电刑，可未能如愿，交流电把犯人都电成了半死。这实在是爱迪生的一大污点。

事实上，特斯拉在历史的名声可以媲美任何其他的发明家或科学家，只是在爱迪生极力打压下，特斯拉的名字却一直被人遗忘，甚至一直未受到应有的平反。他是一个被世界遗忘的伟人，"科学界普遍认为，人类有史以来的两个旷世奇才，一个是列奥纳多·达·芬奇，另一个就是尼古拉·特斯拉"。今天的人们都知道交流电改善了人们的生活，增进了工业的发展，如果特斯拉不放弃交流电的专利权，那他会是世界上最富有的人。

爱迪生的守旧和对新事物的打压，实在是由于利欲熏心所致。

物理学家爱因斯坦

物理学发展到 19 世纪末期，已经相当成熟。一切物理现象似乎都能够从相应的理论中得到满意的回答。物理学家们对此感到陶醉，感到物理学已大功告成。19 世纪的最后一天，欧洲著名的科学家欢聚一堂，英国著名物理学家开尔文在回顾物理学所取得的伟大成就时说："以经典力学、经典电磁场理论和经典统计力学为三大支柱的经典物理大厦已经建成，而且基础牢固，宏伟壮观！所剩只是一些修饰工作。"

20 世纪初，一位年轻的物理学家单枪匹马，仅靠一己之力便让这座大厦轰然倒塌。1905 年，26 岁的爱因斯坦发表了 3 篇论文，在物理学 3 个不同领域取得了历史性成就。特别是狭义相对论的提出，使人类对于空间、时间和物质运动的认识发生了革命性变化，标志着物理学新纪元的到来。

一些守旧的科学家难以承受这种新思想的冲击，有的选择皈依宗教，有的选择用自杀来殉身于自己的精神家园。1906 年，奥地利著名物理学家波尔兹曼一个人在森林里自杀；几乎同时，德国科学家德鲁德也自杀身亡；20 年后，荷兰理论物理学家埃伦菲斯特同样结束了自己的生命。爱因斯坦在悼念埃伦菲斯特时说："由于理论物理学新近经历了奇特的暴风雨般的发展。一个人要学习并且讲述那些在他心里不能完全接受的东西，总是一件困难的事，对于一个耿直成性，认为明确性就意味着一切的人，这更是一种双倍的困难……"

波尔兹曼的守旧，源于工作的信念发生的严重的危机，理想之路的毁灭性打击，以及对自己行将崩溃的精神家园的无限眷恋。

效用与欲望

同学聚会，感慨万千。有人说，人到中年，可能是一生中最糟糕的状况。需要业绩，需要成就，需要养车养房，需要教育孩子，需要孝敬父母，要做的事情太多，而条件却往往不能满足，是压力最大，最缺乏幸福感的时期。

经济学家保罗·萨缪尔森

在影视剧中，"幸福"一直是个高频词，《幸福像花儿一样》、《幸福有多远》、《当幸福来敲门》……社会报道中，"幸福指数"也成了流行词。一些人均 GDP 搞不上去的国家开始另辟蹊径，追求以幸福指数排名作为施政指标。南亚山国不丹虽然人均 GDP 仅为 700 多美元，却号称人民的"幸福指数"全球最高的。东南亚林国越南也蠢蠢而动。经济学家仿佛捡到了新的饭碗，苦心孤诣，推出一个又一个自认为最公正、最完美的"幸福指数标准"。

幸福是什么？幸福是一种自我主观感受，"如人饮水，冷暖自知"。幸福的体验者，不同人有不同的看法，不同阶段也会有不一样的体会，把它统一标准、数字量化，有必要吗？有意义吗？有可能吗？

培根谈过幸福，罗素谈过幸福，在众多关于幸福的论述中，美国经济学家保罗·萨缪尔森的概括最为精彩。萨缪尔森提出了一个"幸福方程式"：

$$幸福 = 效用 / 欲望$$

显然，幸福程度是与效用成正比的，同时与欲望成反比，这是一个基本规律。幸福的两端就是效用和欲望。

要想追求幸福，先要获得效用。效用是什么？其实效用就是人们从各类行为中所得到的满足程度，比如商品的消费，社会的

幸福的分子是效用，分母是欲望。当分母趋向于零时，人就会"无欲则刚"。当分母变得无穷大时，人就会"欲壑难填"。

认同，大众的尊敬。经济学家们更多地认为效用和财富有关系，只有拥有财富才能消费，才能在消费中得到效用，也就是得到满意程度。因而"没有钱是万万不能的"，幸福必须建立在生产的基础上，只有生产才能产生财富。

幸福还有一个分母，那就是欲望。因为它起到同等的作用，所以有人理直气壮地说："金钱不是万能的"。不过说这句话的人绝大部分都是没有钱的人，因而显得有点酸。

分母的变化可以导致很多的变化。当欲望变得无穷大的时候，人就会变得"欲壑难填"，幸福感趋向于零。明朝有个大学问家朱载堉，写了一首诗《十不足》，形象地描述了这种欲望膨胀：

终日奔忙只为饥，才得有食又思衣。
置下绫罗身上穿，抬头又嫌房屋低。
盖下高楼并大厦，床前却少美貌妻。
娇妻美妾都娶下，又虑出门没马骑。
将钱买下高头马，马前马后少跟随。
家人招下数十个，有钱没势被人欺。
一铨铨到知县位，又说官小势位卑。
一攀攀到阁老位，每日思想要登基。
一日南面坐天下，又想神仙来下棋。
洞宾与他把棋下，又问哪是上天梯。
上天梯子未坐下，阎王发牌鬼来催。
若非此人大限到，上到天上还嫌低。

当分母变得很小，趋向于零时，就是很多人向往的"无欲则刚"。其实人都有七情六欲，"无欲"就不像"人"了。西方人更甚，希腊神话有一个故事，最有智慧的林神被米达斯国王抓住，国王问："对于人来说，什么才是最幸福的事情？"他感慨地说："可怜的人啊，最幸福的事情你永远都得不到了，那就是不要生下来。"国王非常沮丧，林神又说："不过其次幸福的事情你可以马上得到，那就是立刻死去。"典型的欲望归零的游戏，虚无得紧。

有一句古语说得好：知足者长乐。根据你的实际情况，通过尽量地调节你的分母，充分地挖掘出乐趣。经济学家黄有光告诉人们，要获取幸福不只是一味地去追求财富，同时调节你的心态。你的财富和你的心态的高度的融洽，是获取幸福的惟一途径。

前段时间和一个朋友畅谈理想、成功和乐趣。他认为："应该坦然对待成功，把成功的满足感觉从潜意识中清除出去，用乐趣去填补。"我深以为然，由于现实社会的复杂性，理想的实现是可遇不可求的，而工作的乐趣是操之在手的。

在发展的基础上和谐，那就是幸福。

❖❖ 幸福的分子是效用，分母是欲望。当分母变得无穷大时，人就会「欲壑难填」；当分母趋向于零时，人就会「无欲则刚」。

隐形与显性

　　每个孩子到了一定的年龄，就不由自主地开始探根溯源，认祖归宗，我也不例外（翻遍弗洛伊德的精神分析法，也不知道这是哪一类的本能）。就像阿甘小时候知道自己的祖先是创立了"三K党"的佛雷斯特，我也发现我的祖先和一个名声极大的人较上了劲，这个人叫作"孔丘"。

理学家朱熹画像

　　东周春秋时期是相当讲究等级的，各个社会阶层都有高低贵贱之分，身居卑位敢冒用在上的名义或使用的器物，称作僭越，是要掉脑袋的。哪像现在某某区政府的办公室造得像美国国会大厦，某某乡建了座"天安门"还振振有词。

　　那个时候，天子吃饭用九鼎八簋，诸侯用七鼎六簋，大夫用五鼎四簋，元士用三鼎两簋。当然后来菜的花样多了，什么八冷八热，混在一个鼎里味道不灵了，才逐渐淡化了。这些礼仪都是对贵族而言，至于布衣阶层，就用盆盆罐罐凑合凑合吧。祭祀仪仗也一样，天子用的是八佾，也就是八八六十四人的方阵，诸侯只能是六佾，大夫四佾，元士二佾。

　　鲁国的贵族季孙斯，也就是个卿大夫，当时权倾一时，比较跋扈，偏偏就在家庙的祭祀中使用了周天子八八六十四人的仪仗行列。这下孔老夫子受不了了，在《论语》中留下一句名言："八佾舞于庭。是可忍也，孰不可忍也？"

　　受了先祖比较过分的行为的刺激，孔夫子喋喋不休地谈起了"礼"，比较著名的一段是："夏礼，吾能言之，杞不足征也；殷礼，吾能言之，宋不足征也。文献不足故也。足，则吾能征之矣。"灵感泉涌，一不小心建立了最早的知识分类——隐性知识和显性知识。

一千多年后，南宋大儒朱熹在《论语集注》中解释说："文，典籍也。献，贤也。"典籍就是文字资料，文章、文牍、文物、文件都是这个用法，很多人搞糊糊用的"文凭"也在此列。"文"指显性知识。献是一个动词，献宝献艺，献计献策，是把肚子里的东西贡献出献来，特指熟悉掌故、肚子里有料的人。古代指贤者，现代叫专家、人才、高手、牛人。"献"对应于隐性知识。

英国哲学家迈克尔·波兰尼

两千多年后，英国物理化学家和哲学家迈克尔·波兰尼（Michael Polanyi）在《人的研究》一书中提出"隐性知识"这个概念，他认为："人类的知识有两种。通常被描述为知识的，即以书面文字、图表和数学公式加以表述的，只是一种类型的知识。而未被表述的知识，像我们在做某事的行动中所拥有的知识，是另一种知识。"波兰尼隐性知识理论的提出，被认为是人类认识论上的第三次"哥白尼革命"。

波兰尼最早研究了隐性知识和显性知识之间的差别，他坚定地相信隐性知识的内在价值，认为隐性知识是所有显性知识的源泉。他的名言是："我们知道的比我们能够讲述的更多，以此事实为开端，我要重新考虑人类知识。"

在显性知识爆炸的今天，隐形知识显得越来越珍贵，甚至接近于人们无法说清但无比向往的智慧。在波兰尼的研究基础上，一大批学者开始研究显性知识和隐性知识，其中野中郁次郎和竹内弘高在这方面的研究非常突出。他们提出了显性知识和隐性知识相互转换的SECI过程，分别是社会化（Socialization）、外化（Externalization）、融合（Combination）和内化（Internalization）。

很多企业在宣传自己的时候，往往也从显、隐两方面着手，宣传自己有多少类产品，多少项研发，多少件专利，多少本著作的，是显性资产；宣称自己有多少员工，多少注册人员，多少高学历人员，多少客户的是隐性资产。各类网站手册上比比皆是。

和君咨询告诉员工的捷径和技巧是利用公司数据库平台和加入熟人组织，也是很好地把两方面都涵盖了。

故、肚子里有料的人。两个字便建立了最早的知识分类。

※※文，典籍也，就是文字资料；献，贤也，特指熟悉掌

作为始祖，孔夫子不仅把知识划分了，连隐性知识管理的方法都解决了，不服不行。只是我们把"提出隐性知识第一人"的桂冠戴在迈克尔·波兰尼的头上，怎么说都有点数典忘祖了。

开蒙・术业・视野

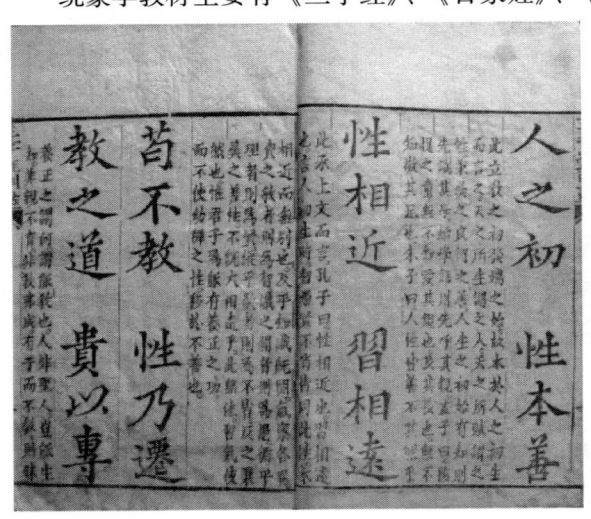

世界经合组织（OECD）在 1996 年的年度报告《以知识为基础的经济》中将知识分为 4 大类：知道是什么的知识（Know-what），知道为什么的知识（Know-why），知道怎么做的知识（Know-how），知道是谁知道的知识（Know-who）。这太理论了，很是枯燥，有人把它们凝练了一下，称作知晓、知奥、诀窍、识人，一下就文采斐然，明了易懂。

开 蒙

知晓的第一个层次是开蒙。在儿童不具备验证科学知识的能力时，只能简单使他们记住结果而应用科学知识，这种忽略证明过程的教育方法叫启蒙。

中国古代启蒙的学塾叫蒙馆，相当于现在的幼儿园或小学，传统蒙学教材主要有《三字经》、《百家姓》、《千字文》、《千家诗》、《弟子规》等。这个阶段是使初学者得到基本的、入门的常识，从无知迈向有知。

自古以来，受教育一直是贵族和僧侣们的特权，等级、种族、性别等各种门槛一直在阻碍着教育的平等。开蒙了的百姓，就会有自己的想法，有时甚至会"想入非

《三字经》片段

「隔行如隔山」说的是某个行业里大家都知道的常识，对业外的人来说，往往都是非常特别的知识。

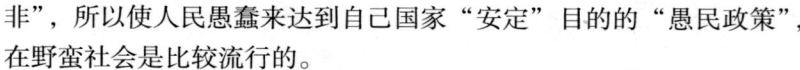

非",所以使人民愚蠢来达到自己国家"安定"目的的"愚民政策",在野蛮社会是比较流行的。

1619年,德意志魏玛邦公布的学校法令规定,父母应送其6~12岁子女入学,否则政府得强迫其履行义务,这是义务教育的开端。学生们上学几乎是免费的,主要是以实物的形式来支付,不上学却要受到处罚,很多学校至今还保存着当年的罚款登记簿。普鲁士元帅毛奇就曾经说过:"普鲁士的胜利早就在小学教师的讲台上决定了。"英、法、美等资本主义国家大多在19世纪70年代后实行义务教育。1985年,中国大陆也推行了义务教育制度,成为世界上第170个实施义务教育的国家。

上世纪的工程设计行业,也处于对知识的半垄断状态。当时的规范正文和条文说明是分开印刷的,后者的右上角还印上"内部参考"的字样,而且印数有限。这些资料,只有主任工程师以上级别的人才比较容易获得,一般的年轻设计师是很难知晓的。

很多理念的导入也是属于启蒙性的,就像打开了一扇窗,开启了一个新的领域。佛教用"醍醐灌顶"来表达灌输智慧。《敦煌变文集·维摩诘经讲经文》中"令问维摩,闻名之如露入心,共语似醍醐灌顶",意为听了高明的意见使人受到很大启发,突然进入了一个新的境界,也是对启蒙非常形象的比喻。

术　业

知晓的第二个层次是术业,俗一点也叫工作、差事、行当。义务教育结束后,就意味着可以选择职业教育,高中也开始文理分班了,于是教育有了选择性。韩愈说:"闻道有先后,术业有专攻"就是说技能学业各有专门研究。

旧时把各行各业的行当叫作"三百六十行"即是指各行各业的行当而言,也就是社会的工种。俗话说得好:"敲锣卖糖,各干一行。"宋代周辉《清波杂志》上便记有肉肆行、海味行、酱料行、花果行、鲜鱼行、宫粉行、成衣行、药肆行、扎作行、棺木行、故旧行、陶土行、仵作行、鼓乐行、杂耍行、皮革行……其实"三百六十行"只是个统称,习惯成自然,说起来方便,听起来顺耳,在社会分工越来越细的今日,早就三千六百行都不止了。

俗话说,"隔行如隔山",说的是每个行业、领域、专业都有其自身的特殊性,有不同于其他行业或领域的技术、技巧和方法,相互之间存在这样那样的差异，不是本行的人就不懂这一行业的门道。某个行业里大家都知道的常识，对业外的人来说，往往都是非常特别的知识。一般来说，每个行业都有自己的术语，每个术语都有特定的内涵和外延，如果身在业内却对行业规律不甚了了，就会被圈中人视作业余。那就比较危险了。何飞鹏先生说："业余的人，七手八脚；专业的人，丝丝入扣，训练有素。在现代社会，要成功存活，追逐专业、拥有专业、谨守专业、对专业忠诚，是不二法门。"

Discovery 频道推出了一个名为 Dirty Jobs（干尽苦差事）的系列节目，介绍一些普通人做着没有人愿意做的脏活累活。从动物园兽笼清洁工到道路尸体清理员，从垃圾回收员到下水道检查员，从养猪场清理员到化粪场工人，各种"脏、乱、臭"的工作让大家看到一个你无法领略的世界，了解那些辛苦工作的无名英雄们的生活。该剧在第五十九届艾美奖评选中荣获纪实节目杰出摄影奖。

❖❖「隔行如隔山」说的是某个行业里大家都知道的常识，对业外的人来说，往往都是非常特别的知识。

视 野

汉朝的时候，西南方有个弹丸之国名叫"夜郎"。由于邻近地区以夜郎这个国家最大，从没离开过国家的夜郎国国王就以为自己统治的国家是全天下最大的国家。有一次，汉朝派使者来到夜郎，骄傲无知的国王竟然不知天高地厚地问使者："汉朝和我的国家哪个大？"于是造就了认知率很高的一个成语——"夜郎自大"，与这个成语意思相近的还有坐井观天、鼠目寸光、盲人摸象等，老百姓讥讽为"不开眼"。

到了清朝，天国的天子在浩瀚的地球和海洋前边，也成了"夜郎"。鸦片战争中，清军抓住几个英军战俘，道光皇帝非常兴奋，不时地探问，你们国家有多大的地方？你们国家到我国有没有陆路？英国战俘被这种脑筋急转弯问题搞得目瞪口呆。

民国初期，某学堂招考新生，考官命题为《项羽、拿破仑论》。一哥们于拿破仑闻所未闻，见题极为惶惑，忽有所悟，奋笔疾书曰："夫项羽乃拔山盖世之雄，岂有一破轮而不能拿乎？"活脱脱一个井底之蛙。

知晓的第三个层次是视野，也称眼界。眼界有高低，视野有宽窄，行业日新月异，"山外有山，天外有天"。久居一个行业，手艺纯熟，可称圈中之人，但"久处一方，则习染而不自觉"。（顾炎武语）意思是在一个环境里呆久了，会不知不觉染上不好

文学家王国维

的习气。有句话叫作眼界决定层次，层次决定格局。一个视野宽阔的企业，才有可能把握行业动向，顺应经济局势。而眼界低下的人，手艺注定好不到哪儿去。

沪上名师陈国强对基础医学学科进行分类整合，淡化学科界限，在研究生教育的改革中，增加了科学家谈科研、科学家读文献、医学科学前沿三门必修课，强调研究工作的起点是调研，通过各种方式获取领域最新的动态。

开阔视野最便捷的方式就是阅读名著，最有效的办法是得到高人指点。前者门槛较低，后者门槛较高。中国象棋冠军陶汉明从小就开始打特级大师的棋谱，胡荣华无不感慨地说："他走了一条捷径！"

刘育东先生回忆他在美国求学时，印象最深的莫过于他们对于启蒙教育的重视："任何学科的第一门课和第一本书，都负有勾勒全貌的重责大任，因为任何一位初学者若有健全的视野 scope，则往后深入学习时会有所依据，不致偏颇。因此，西方知名大学往往要由最好的老师来讲授量浅的课程，很多基础课甚至是诺奖得主亲自任教。"

台湾公共电视台 PTS 在 2004 年推出了系列片《城市的远见》（The Vision Of A City），对现代都市头痛医头，脚痛医脚，而问题却一再以不同面貌浮现的困境进行了深入的解析，探索一个城市规划的远见及其凝聚的共识，探索现代都市特质的形成与城市居民生活及精神面貌的关系。2008 年，PTS 再次推出系列片《国家的远见》（The Vision Of A Country），值得借鉴。

国学大师王国维先生曾用三句词来说明做学问有三种境界，我也东施效颦地用三句诗词来说明一下视野的开拓有三层境界。

第一层境界：欲穷千里目，更上一层楼；

第二层境界：独上高楼，望尽天涯路；

第三层境界：会当凌绝顶，一览众山小。

眼才与手才

※ ※ 庖丁说："臣之所好者道也，进乎技矣。"显示了他所探究的是自然的规律，而不仅是对于宰牛技术的追求。典型的"眼高手高"的案例。

曾几何时，我们的父辈们豪气干云，"赶英超美"、"跑步进入共产主义"等口号冲遏云霄。后来证明，那只是头脑发热，属于自己忽悠自己。于是怀念起祖先的智慧来，儿女取名，亦多"修齐"或"治平"，仿佛当年的"卫彪"和"学青"，几成一种时髦。

有理想、抱负、志向自然是个前提。史蒂芬·柯维的《高效能人士的七个习惯》中，习惯（habit）的三要素之一就是意愿（desire），新潮一点叫作"愿景"。无论是悬在眼前的胡萝卜，还是激情洋溢的雄心，都是一种必不可少的初始驱动。

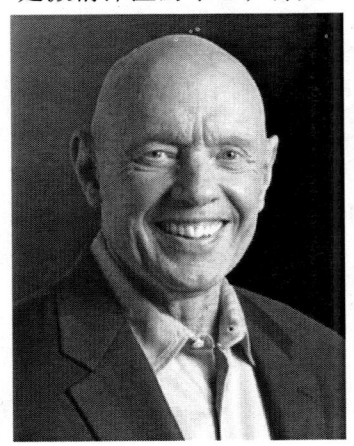

管理学家史蒂芬·柯维

人们形容"志大才疏"的失败者，常用的一个成语是"眼高手低"。我认为这个评价很精到，其实就是习惯三要素的另外两点"知识"和"技巧"。"知识"是理论性的观念，指点我们"做什么"及"为何做"，一般都用"眼光"、"眼界"、"视野"来表达，我称之为"眼才"。"技巧"技巧是指"如何做"，其代名词是"手艺"，上海俚语中称之为"生活清爽"，我称之为"手才"。

"眼才"体现在多种方面，具体为知晓（Know what）、知奥（Know why）、识才（Know who）3个方面。知晓体现的是"眼界"和"视野"。"眼界"决定层次，超越了层次谈理想，充其量就是个"做了皇帝天天吃油条"的井底之蛙。在和世界接轨的过程中，我们要下大力气去了解和理解世界，"了然于胸"后再谈别的；知奥体现的是深度，知其所以然。细节决定成败的前提是对细节的洞察，透过

现象看本质的解析力；识才体现的是眼光，传说中的伯乐之于千里马，"策之以其道，食之尽其材，鸣之通其意"，是之谓高端。而低端最起码也要做到西方谚语中所说的"不要教肥猪跳芭蕾舞"。知道高手能帮助你什么，知道属下能为你做些什么？知易行难。

在管理界的术语中，和"眼才"与"手才"最接近的大概是"战略"和"执行"了。管理界一直在喋喋不休地争论，战略和执行哪个更重要？有句名言叫作"做正确的事比正确地做事更重要"，强调方向的重要性。而自从《赢在执行》在 2004 年大卖（荣膺当年"十大被侵权书之一"的称号）以后，"执行比战略更重要"观点一度甚嚣尘上。其实，两者是成功的必要条件之一，比较谁更重要，本来就比较偏颇。

《大学》不但指出了"修身、齐家、治国、平天下"的战略方向，还一并提供"正心、诚意、格物、致知"的战术方法，以提高执行力。只是世间的芸芸众生，对"治国平天下"无比憧憬，对"格物致知"却避而远之。

《庄子·养生主》记载了一个技艺高超的庖丁解牛的故事，其游刃有余的技艺让文惠君叹为观止。庖丁解释说："臣之所好者道也，进乎技矣"，显示了他所探究的是自然的规律，而不仅仅是对于宰牛技术的追求。典型的"眼高手高"的例子。

有个朋友是销售顶级牙医设备的，接触国内外许多业内泰斗。他告诉我一个心得，国外的专家，除了理论水平领先，手上功夫也是了得；而国内的很多业内专家，手上功夫与理论水平成反比，理论却也高得有限。谆谆教导我切不可废了专业感觉，令人受益颇多。

知识 分类 口才与耳才

教育家戴尔·卡内基这样说："所谓沟通就是同步。每个人都有他独特的地方，而与人交际则要求他与别人一致。"把这句话讲得白一点，透彻一点，就是表达的目的要让对方明白，接收的目的要搞清对方的意图。做好这两件事所具备的能力，我称之为"口才"和"耳才"。

教育家戴尔·卡内基

从沟通的模式来看，有 5 个关键节点，编码—发送—渠道—接受—解码，其中"编码"和"发送"属于表达能力，"接受"和"解码"属于理解能力。史蒂芬·柯维的《高效能人士的七个习惯》中，有一个是"Seek First to Understand, Then to be Understood"，译成"知彼解己"就是这个意思，不过是顺序重排。

许多人认为巧舌如簧、"口吐莲花"属于"口才"，这确实是一种稀有的能力，除了苦练还得以天分为前提。但"口才"并不仅限于"口吐莲花"，从沟通的角度归类，"口才"属于良好的编码发送能力，说出的话言简意赅，别人一次就能听懂，就应该属于"口才"好。讲话让别人听得懂，其实是一个大技巧。因为信息从编码到对方解码，要历经千山万水。中间有一个环节偏差，就又有可能差之毫厘，谬以千里。

发送得看接收对象的背景，"对牛弹琴"就是典型的不考虑讲话对象。有次聊起大学生活，谈及"流体力学"，一同事痛苦万分地回忆说，"有些课本写的目的就是不想让人看懂，故作高深。"我也深以为然。经常有"学问大家"哀叹"养在深闺"，其实应该反思一下。《百家讲坛》的成功得益于学者们把"阳春白雪"的东西变得"雅俗共赏"。

※※※ "耳才"出众的前提是拥有高度的灵敏性和深刻的理解力。具备这种能力的人能听出"弦外之音"，所以也就格外能"捕获芳心"。

作者2006年在曼联主场留影

美国John Wiley and Sons出版社推出的傻瓜丛书（For Dummies），浅显易懂、图文并茂、指导性强，让我回忆起了少年时读过的"十万个为什么"。曼联队更衣室里，贴着许多漫画，大意是不许戴手表、戒指上场比赛，不许恶意犯规，不许顶撞裁判，生动形象，球员们只要瞄一眼，想不明白都难。

知识管理中的"书不尽言，言不尽意"，在沟通理论中叫作"沟通漏斗"。心里想的100%，嘴里说的只是80%，听的人明白60%，做起来的效果只有40%。这种沟通链在工程上叫作"静定结构"，断了一个环节就完蛋。解决的一种办法是提高安全系数，心里想300%，用几种角度去表达，确保信息衰减到对方也是"高保真"。几个在德国企业工作的朋友，刚进公司时老是嫌老外啰嗦，简简单单的交接喋喋不休，不厌其烦，好像都把别人当傻瓜，时间长了才发现，老外的沟通技巧非常专业有效，无论书面还是口头，基本上一次交待清楚，没有反复。

作者做工程师的时候，传统上用计算书和图纸来表达设计意图。我追求的原则是，设计文件完整和无歧义，只要脑子不是经常转弯的人，想理解错都难。但现行的表达方式，是设计师构思完毕后，抽象成二维图纸，施工单位再根据二维图纸，还原成三位实体。就像先把牛奶变成奶粉，再加水兑成牛奶一样，使营养大大地流失了，抽象过程中流失掉的有效信息，还原过程中加入的杂质，让沟通过程失真。三维模型的引入（仿真）将大大填补编码和解码之间的鸿沟。

相对起来，"耳才"偏重的是理解力，就是要能够完整、准确地搞清对方的意图。这也是很有学问的。要是老师的话都能理解，那岂不每次考试都得高分？武打小说中高手要找衣钵传人时，强调悟性，大概也与此有关吧。

但实际情况中，"聪明人"未必是理解力很强的人。聪明人自恃反应快，常常自负到"你一张嘴，我就知道你要说什么话"，特别是听取下属汇报时，所以常常不愿把话听完，只获得部分信息，以至于"聪明反被聪明误"。这其实是一种浮躁，一种小聪明。

如果碰到沟通能力强，"口才"好的发送者，自然就很省事，可夹杂着各类噪音的指令，被漏斗过滤掉有效成分的信息，还是源源不断地充斥在我们的周围。所以，具有良好的"耳才"就显得很重要。

"耳才"出众的前提是拥有高度的灵敏性和深刻的理解力。具备这种能力的人能听出"弦外之音"，所以也就格外能"捕获芳心"，但宠坏那些含蓄的发送者，愈加乐此不疲。

❖❖❖「耳才」出众的前提是拥有高度的灵敏性和深刻的理解力。具备这种能力的人能听出「弦外之音」，所以也就格外能「捕获芳心」。

上下之间

　　"牛人"要表达幸福或者痛苦的时候，一般幅度都特别大，以表示他们与众不同的气势。唐玄宗李隆基在逃亡途中，迫于部下的压力，让高力士把杨玉环给做了，平定叛乱回到京城后，才觉得痛彻心扉，于是除了搞搞迷信活动，还找人做做心理治疗。"帝王不幸诗人幸"一下变成文人骚客的好题材，白乐天在《长恨歌》中写道："上穷碧落下黄泉，两处茫茫皆不见"，可见老李死去活来的劲儿，是相当的不一般。

唐朝诗人白居易画像

　　一千多年后，毛泽东在《蝶恋花·答李淑一》中，也用"我失骄杨君失柳，杨柳轻飏直上重霄九"来表达对妻子杨开慧的思念。他在《水调歌头·重上井冈山》中，更有"可上九天揽月，可下五洋捉鳖"的名句。顶天立地的豪迈气概比比皆是。

　　一般来说位居高位的人，上纲上线是拿手好戏，善于"透过现象看本质"。皇帝和他周围的人故意从某人的诗文中摘取字句，罗织成罪，叫作文字狱。清朝翰林院庶吉士徐骏一句"清风不识字，何事乱翻书"，被认为讥讽"大清"，换得身首异处。"文革"中，这种方法也大行其是，连"苗"和"草"也贴上了"资本主义"和"社会主义"的标签，把所有问题都提到重大原则的高度，现在看来，荒唐可笑。

　　NLP的语言模式中，有个模式叫作"上推下切"。"上推"就是为了建立与对方一致的气氛，用含意广阔的字去暗示意义上的共通，建立对方接受自己和对方容许被我引导的感觉。"下切"就是在说过的内容里面调细焦点，把其中某些部分放大。下切的技巧在于对目标的分解，芭芭拉·明托的金字塔原理，就是下切的有效工具。切得越细，越有价值，所谓细节决定成败。西方文明全面领先东方文明的基础，就是时间的分解工具——钟表和空间的分解工具——显微镜的发明。

《易经》上说："形而上者谓之道，形而下者谓之器"。形而上是指思维和宏观的属于虚的范畴；形而下则是指具体的，可以捉摸到的东西或器物。连起来再内插一下叫作"道、法、术、器"。

能上能下是一件通畅的事。单上单下，不上不下，无论是做事、做人，还是做些什么别的，就会有些"卡"。

❖❖能上能下是一件通畅的事。单上单下，不上不下，无论是做事、做人，还是做些什么别的，就会有些「卡」。

须知与须戒

中国古代文人中，能吃、会吃，讲究吃，且对所吃的东西各有一番道理的老饕，名列前茅的是苏轼、李渔和袁枚。

东坡先生比较注重专利，除了留下一味至今广受欢迎的"东坡肉"外，也就在诗文中留下一些零碎的美食感受。至于具体制法，对不起，知识产权，恕不奉告，竟然秘而不宣。

李笠翁就大度得多，其美食修养，可以从《闲情偶寄》看出来，悉数记载于《饮馔部》。该部分蔬食、谷食、肉食三节，讲材料特点并食用心得，彰显独特的研究和见解。

随园主人袁子才，虽君子而乐庖厨。每尝佳品，必命家厨登门求教，就这样边吃边记、涉笔成趣，积 40 年之功写出了被后世许多大厨视为枕中秘笈的《随园食单》。该书读来妙趣横生，描述方式不拘

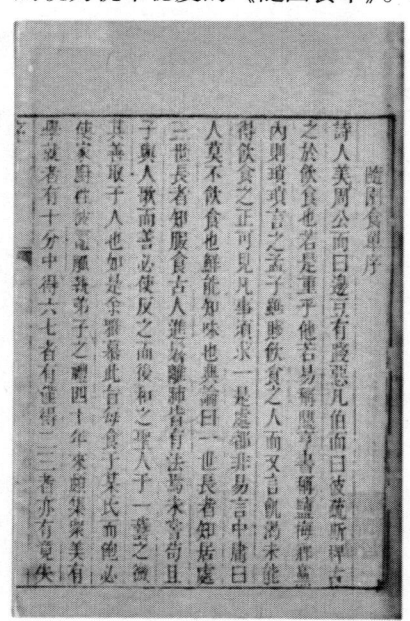

《随园食单》片段

一格，似菜谱又非菜谱，你甚至可以把它视作散文、随笔、小品抑或质量体系文件，而不像很多菜谱仅仅是物料和流程。尤其是开篇的《须知单》与《戒单》，那就是厨子们的三大纪律与八项注意，让人一读三叹，拍案叫绝。

须知单开篇曰："学问之道，先知而后行，饮食亦然"。计先天须知、作料须知、洗刷须知、调剂须知、配搭须知、独用须知、火候须知、色臭须知、迟速须知、变换须知、器具须知、上菜须知、时节须知、多寡须知、洁净须知、用纤须知、选用须知、疑似须知、补救须知、本分须知。"共20余项操作要求。

戒单开篇曰："为政者兴一利，不如除一弊，能除饮食之弊，则思过半矣。"计戒外加油、戒同锅熟、戒耳餐、戒目食、戒穿凿、戒停顿、戒暴殄、戒纵酒、戒火锅、戒强让、戒走油、戒落套、戒混浊、戒苟且。"共14余条注意事项。

这些须知与须戒，涵盖了人、机、料、法、环、测6个方面，简直就是石川馨鱼骨图的前世。角度独特，系统性强，可操作性高，读完后，不惟做菜、做事、做人均可受益无穷。

儿子上预初了，帮孩子一起整理小学课本，翻出了一页教育部2004年发布的《中小学生守则》，细读之下，颇多感慨，抄录如下：

1. 热爱祖国，热爱人民，热爱中国共产党。

2. 遵守法律、法规，增强法律意识。遵守校规、校纪，遵守社会公德。

3. 热爱科学，努力学习，勤思好问，乐于探究，积极参加社会实践和有益的活动。

4. 珍爱生命，注意安全，锻炼身体，讲究卫生。

5. 自尊自爱，自信自强，生活习惯文明健康。

6. 积极参加劳动，勤俭朴素，自己能做的事自己做。

7. 孝敬父母，尊敬师长，礼貌待人。

8. 热爱集体，团结同学，互相帮助，关心他人。

9. 诚实守信，言行一致，知错就改，有责任心。

10. 热爱大自然，爱护生活环境。

一大堆庄严又神圣，模糊又抽象的概念，根本不考虑执行的对象是何许人。印象中高中才开设《法律常识》课，大学才开设《法学概论》课，那些小学生们根本不知法律为何物，如何去遵守法律法规，增强法律意识？那分明是孩子们监护人的职责，大有推卸责任的嫌疑。本守则作为很多国企的《员工手册》的一部分，好像也挺般配。

记得以前网上流传过《美国小学生守则》（未找原文验证），特地搜索来归纳抄录如下：

1. 总是称呼老师职位或尊姓。

2. 按时或稍提前到课堂。

3. 提问时举手。可以在你的座位上与老师讲话。

4. 缺席时必须补上所缺的课业。向老师或同学请教。

5. 如果因紧急事情离开学校，事先告诉你的老师并索取耽误的功课。

6. 所有作业必须是你自己完成的。

7. 考试不许作弊。

8. 如果你听课有困难，可以约见老师寻求帮助，老师会高兴的帮你。

9. 任何缺勤或迟到，需要出示家长的请假条。惟一可以允许的缺勤理由是个人生病、家人亡故或宗教节日。其他原因呆在家里不上课都是违规。

10. 当老师提问且没有指定某一学生回答时，知道答案的都应该举手。

《美国小学生守则》中完全是和学生密切相关的事项，其他事情，对不起，该家长负责的概不掺和。一条一条都很明确，很具体，该做什么，不该做什么，清清楚楚。像一个聪明的老师正在手把手的教学生做事：路该这么走，书该这么读，人该这么做，于是小学生便心领神会。

一些企业一度面临"无制度可用"的尴尬，经过一段时间的制度建设，又陷入"制度不管用"的困惑，渐渐地步入"有制度不用"的怪圈。读读《随园食单》须知与须戒，读读《美国小学生守则》，也许会给我们很多启示。

第二辑　技术篇

横看成岭侧成峰，
远近高低各不同。
不识庐山真面目，
只缘身在此山中。

————宋·苏轼

读书·行路·著言

　　老妹 30 多岁的时候去加拿大读研究生，同班的几个 20 岁不到的津巴布韦的小伙子对她毕恭毕敬。老妹大惑不解，同学间虽有年龄差距，总归是亲亲热热的，何至于此？那几个可爱的黑小子解释说，在他们那旮旯，35 岁就是老人了，理应受到尊敬。我对哭笑不得的老妹打趣道："你在他们眼里属于夕阳，当然要对你无限好。"

　　孔子对他的人生是这样规划和总结的："吾十有五而志于学，三十而立，四十而不惑，五十知天命，六十而耳顺，七十而从心所欲，不逾矩。"大意是 15 岁有志去学习，30 岁能够安身立命，40 岁有了自己的主见，50 岁明白生活的真谛，60 岁就很宽容了，70 岁想干点啥就干点啥，不乱来就行，这是学问人生。

　　《礼记》的划分标准是："人生十年曰幼，学；二十曰弱，冠；三十曰壮，有室；四十曰强，而仕；五十曰艾，服官政；六十曰耆，指使；七十曰老，而传；八十九十曰耄，七年曰悼。悼与耄，虽有罪，不加刑焉。百年曰期，颐。"大意是人 10 岁的时候就该学习，20 岁就成年了，但还是缺乏经验和能力的，30 岁该成家立业，40 岁开始强壮，应该搞管理工作，50 进入高级管理层关注国家大事，60 岁应该是决策和指挥者，70 岁就该写自传，把经

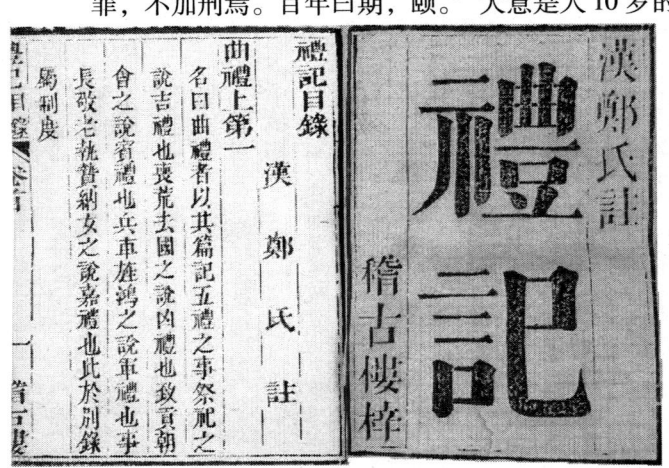

《礼记》片段

※※古时卫生条件差，人生七十古来稀，50 岁就算老人了。曹操 50 岁吟诵『老骥伏枥，志在千里』，苏轼未到 50 岁便高唱『老夫聊发少年狂』。

验留给后人，80 岁以后，就该颐养天年啦。这种标准带有浓厚的官方色彩，面对的对象都是养尊处优的主儿，这是实践人生，和孔子的标准差别较大。

古代的划分标准是以当时人的寿命、经济条件、卫生水平为前提的，有的时候带有很多主观色彩。古人平均寿命很低，人生七十古来稀，所以很多人活到 50 岁就算老人了，老百姓把 50 岁称作年过半百，而以老头谓之。牛叉如曹阿瞒之辈在 50 岁也曾吟诵"老骥伏枥，志在千里"，苏东坡未到 50 岁便高唱"老夫聊发少年狂"，50 岁就迈进老年行列了，其事业即将走向终结的转折点，所谓知天命，就是说把世上人生的一切事情都看透，可以成为大彻大悟的智者了。

既然 50 岁成为自我解脱的下限，很多事情就要提前安排。古人早婚早育，女子"十四为君妇"，说的是早早就要侍奉公婆，养儿育女。男子也晚不到哪去，所以如果不脱班，50 岁以前当个曾外祖母，四世同堂都有可能。历尽人间沧桑，早就成熟得一塌糊涂了。哪像现在的很多孩子，14 岁上学还要接送，结婚生子还要"刮老"，三四十岁的剩男剩女一大堆，在正点上事情都接二连三地耽误，节奏全被自己搞乱了。

现代职场也有自己的规律。新民谣从多种角度对职业生涯进行了总结，列举几例，聊博一笑：

角度一，时态百相：

20 岁谈理想，30 岁须亮相，40 岁正吃香，50 岁要识相，60 岁快还乡，70 岁就白相……

角度二，历历在目：

20 岁看体力；30 岁看学历；40 岁看经历；50 岁看智力；60 岁看病历，70 岁看日历……

角度三，品味人生：

20 岁是半成品，30 岁是成品，40 岁是精品，50 岁是极品，60 岁是样品，70 岁是纪念品……

抛开那些少年得志，飞来横财，或焕发第二春的奇迹，绝大部分的人都是按部就班地发展的，切莫让那些小概率事件把章法弄没了。我根据自己的分析和经验，也总结了一个三部曲，落落俗套，凑凑热闹。

古人云，十年读书，十年游山，十年检藏。现代人一般 8 岁启蒙，60 岁退休，大概 52 年左右，所以一般三等分也就是 17 年。这三个阶段，各有最适宜做的事情。

第一个 17 年，宜读万卷书。12 年中小学加上本科教育，基本上就把这段时间用完了，这段时间是一个人精力最充沛的时候，熬个通宵后擦把冷水脸就又精神焕发了。这个时候是博闻强记，领行情，know what 的最佳时段。

第二个 17 年，宜行万里路。读书破万卷，下笔如有神，这个阶段是学以致用的时候了。行路之间，读的都是无字之书，山水亦书，花月亦书，棋酒亦书，磨难亦书，收获亦书。张潮说，能读无字之书，方可得惊人妙句；能会难通之解，方可参最上禅机。

第三个 17 年，宜书万言文。读书行路，有所感悟，不传诸后人，枉对先辈的传承。古人所谓藏于名山，其实玩的都是先抑后扬的把戏，本意还是要传的。所以著书立说，传授徒弟，只管大大方方，只要不是沽名钓誉就好。

过了 60 岁以后，必修课就做完了，社会就不提供就业机会了，进入选修课阶段。但是按照联合国的人口定义，60 岁到 74 岁可称为青年老年，75 岁到 90 岁才始称中年、老年，90 岁到 120 岁才是真正意义的高龄老人，第二个年轮又要开始了……

※※古时卫生条件差，人生七十古来稀，50 岁就算老人了。曹操 50 岁吟诵『老骥伏枥，志在千里』，苏轼未到 50 岁便高唱『老夫聊发少年狂』。

远观与近瞩

　　无锡市的 downtown，离东林书院不太远，有一座大型官僚宅第，名为"薛家花园"，号称"江南第一豪宅"。虽然造价上比起暴发户胡雪岩的宅第（也号称"江南第一豪宅"）稍逊一筹，但有勇气争夺此称号者，绝非等闲之辈。该府的主人薛福成是清末外交官，洋务运动的得力干将。此公善于思考，勤于笔耕，勇于实践，内政外交成就非凡。光绪皇帝亲题"钦使第"匾悬挂于薛府门额之上。

　　薛公出使西欧，参观巴黎油画院中名画《普法交战图》，挥笔而成《观巴黎油画记》。笔者求学时，该文曾入选初中语文课本，短短四百余言熔记叙、描写、议论于一炉，既写得波澜起伏，跌宕多姿，又主次分明，层次清楚。最重要的，此文成了我的油画欣赏启蒙，进而学得一句名言，西洋油画，只可远观，不能近瞩，颇可玩味。

　　几年前去圣彼得堡的夏宫游览，远远望去，精美绝伦，令人心驰神往。待走到近前，不禁令人大失所望，那些巴洛克式的线脚，大都是石膏糊上去的，敢情也是一幅西洋油画，俄罗斯人的性急和粗糙，可见一斑。

　　很多事情的评价，讲究远近相宜，空间上如此，时间上也是如此。

　　《公民凯恩》（Citizen Kane），是鬼才奥逊·威尔斯在 26 岁时编导演制的银幕处女作，拍摄距今已近 70 年。自 1952 年起，它在英国权威性杂志《视与听》每隔 10 年由全球顶级的导演和影评家参与的"世界电影十大佳作"评选中连续 3 届荣登榜首，公认为电影史上最伟大的电影，美国国家电影保护局指定典藏。但它在当年 1942 年第 14 届奥斯卡奖的评选中，却名落孙山，当年炙手可热的魁首《青山翠谷》（How Green Was My Valley）如今籍籍无名。而岁月的长河使《公民凯恩》被视作"电影史上十大影片"当之无愧的冠军和头号

作者和同事在圣彼得堡夏宫留影

经典。

　　荷兰画家凡·高生前一直默默无闻。他的作品中所包含的深刻的悲剧意识和形式上的独特追求，远远走在时代的前面，难以被当时的人们所接受。作品无人问津，他时常要为 5 个法郎发愁。死后不到 100 年，作品就拍出了上千万美元的天价。

　　王立群教授对于"历史评论"曾经有一段精彩的论述："历史不能离得太近，距离太近的时候没办法评论，历史一定要拉开距离，拉开一段时空。你说汉人评价秦始皇能评价得准确吗？他离秦代太近了，所以他是站在现实需要去评价，往往评得不准。拉开 500 年，1000 年，有了这么个时长，你再去评价就比较准确了。"

　　王国维在解读叔本华美学理论时说："美之中有优美与壮美之别。"优美呈现为柔媚、优雅、纤巧、秀丽、飘逸、安宁、淡雅；壮美以雄浑、刚性、壮观、粗糙、怪异、迅疾、巨大为特点。红粉佳人皆为优美，宜近瞩，崇山峻岭当属壮美，宜远观。南宋俞文豹《吹剑续录》载："东坡在玉堂，有幕士善讴，因问：'我词比柳词何如？'对曰：'柳郎中词，只合十七八女孩儿执红牙拍板，唱杨柳岸晓风残月。学士词，须关西大汉，执铁板，唱大江东去。'"也是颇得其中奥妙。

　　再谈谈那个盲人摸象的故事，身躯庞大的大象，就算不是盲人，贴得太近，一叶障目，也会不见泰山。倒不如用己所长，远远地听听大象的脚步声，说不定能估出个大概的吨位来。

　　不识庐山真面目，只缘身在此山中。

书要我读

70年代以前出生的人大概都知道"高玉宝"这个名字。半个多世纪前,高玉宝创作了轰动一时的自传体小说《高玉宝》,那个苦水中泡大、渴望学习的文学形象——高玉宝,成为激励一代又一代青少年的经典,影响了整整几代人。其中《我要读书》入选了中国小学课本,"我要读书"成为无数渴望知识的人们的共同心声。

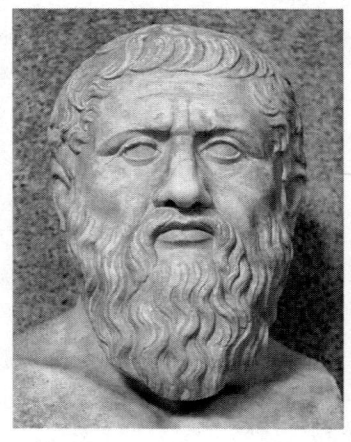

哲学家柏拉图画像

自古以来,等级、种族、性别等各种门槛一直在阻挠着教育的平等。虽然孔子早就提到了"有教无类",柏拉图的《理想国》已经闪耀着自由教育的思想,但几千年来,"我要读书"一直呼声不断。直到现在,希望工程广告画中,那张我要上学的无邪的"大眼睛"照片,还长久地震撼了无数人的心灵。

要真正推动教育平等,还有赖于"德先生"(Democracy)和"赛先生"(Science)。德先生认为"教育"是"天赋人权"。赛先生把"教育"从稀有资源变成了平民化产品,造纸术、印刷术、信息技术就是这么一步一个台阶地把知识从"贵族和僧侣们的特权"推向"爆炸和泛滥"。

我们从"我要读书"的时代进入了"书要我读"的时代,培根的那句"知识就是力量"的名言也该重新定义了,因为力量已经无处不在了。人们从来没有如此可以如此轻而易举地获取如此巨量的知识。讲几个"德先生"和"赛先生"的故事。

1971年,美国大学生麦克·哈特(Michael·Hart)认为电子化的书籍将会使人们受益无穷,于是计划以自由的和电子化的形式,

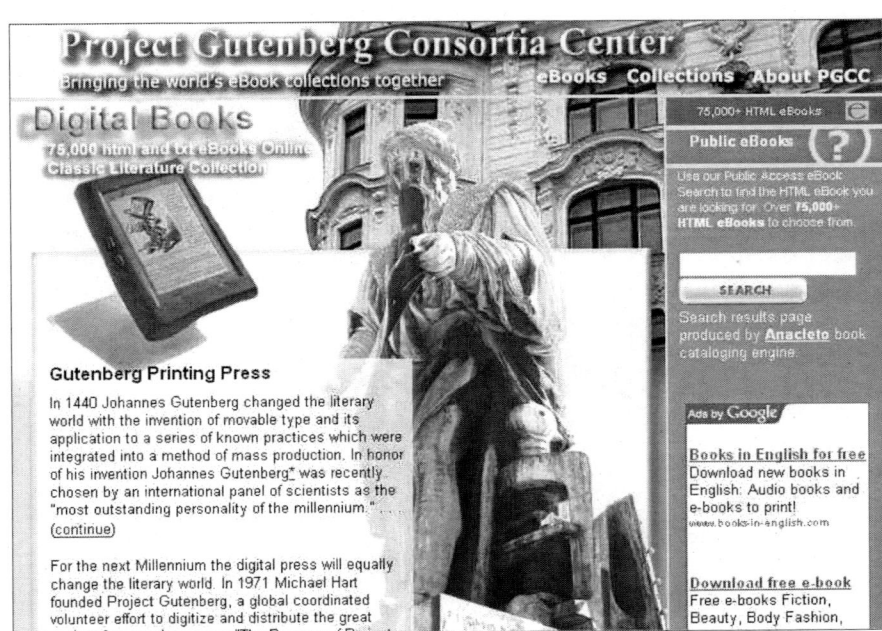

古登堡计划主页

大量提供版权过期而进入公有领域的书籍。为了纪念德意志人约翰内斯·古登堡，15世纪金属活字印刷术的发明人，他把该计划命名为"古登堡计划"，这是世界上第一个公益数字图书馆。哈特认为自己是一个信奉实用主义和有远见的利他主义者，要通过自由传播、可以无穷次使用和复制的电子书改变世界，希望每个人阅读各种读物和文艺作品的代价最小化。

如果一张单层单面的DVD上可以放进4万种电子书，按照目前硬面纸质书的平均价格——75美元的1/3价格来计算，很容易算出这4万本电子书的价值是100万美元。这种DVD的空盘价格为1美元，被鼓励拷贝后传播。如果这张DVD是双层的，将意味着可以将8万本资料录入；如果这张DVD是双面双层的，将意味着可以录入155 000本资料以及一份可供搜索的目录。读者能用比一本普通纸质书还要低的价格获得100万美元的价值的书籍。

"古登堡计划"是完全依靠志愿者的公益项目，没有任何利益驱动，包含了高尚的文化理想和奉献合作精神，充满对人类本身的信任和对美好未来的希望。"古登堡计划"蕴涵的哲学在某种程度上是在为社会的改良提供启示。

2001年4月，在威廉姆-休利特（William and Flora · Hewlett）基金会和安德鲁-梅隆（Andrew-Mellon）基金会的赞助下，美国著名的麻省理工学院宣布实施开放式课程计划。先导网站在2002

※※※当我们从『我要读书』的时代进入了『书要我读』的时代，培根的那句『知识就是力量』的名言就该重新定义了。

年9月公开，其课程内容包括6大学院（建筑与规划学院、工学院、人文艺术与社会科学院、理学院、管理学院）中航空太空工程、人类学、建筑学、生物医学工程、生物学、化学工程等共30多个领域，目前已开放2 000门以上课程。

麻省理工学院开放式课程（MIT's Open Course Ware，简称MITOCW）是以网站为架构，将学院的教学内容大规模地进行开放分享的计划。其主要目的在于资源共享，希望能给全世界不分种族、国籍、宗教信仰等的教师、学生与自学者提供免费、搜寻麻省理工学院各课程教材的机会，不会因为无法来麻省理工学院而丧失宝贵的学习机会。

此计划让使用者可以自由观看下载各课程的课程大纲、上课笔记，其中许多课程还包含了影音档案、习题与考题及其解答，还有拓展阅读清单等附加部分。麻省理工学院声明开放式课程网页上的课程教材可以被任何人使用、复制、发送、翻译和修改，前提只是这些资料的应用必须是非商业化的。如果该资料被再版或是再复制于网页上，必须要注明原作者，并且必须允许他人同样地共享。

麻省理工学院校长查尔斯·M. 威斯特（Charles M. Vest）2002年6月在对该校第136届毕业生的演讲中，充分推广了"学习的机会与开放性"的理念："我们必须坚定地利用新科技——

网络技术对全人类传授知识，让教育大众化。我们的开放式课程计划将让我们的2 000门的基础教材让任何地方的任何人免费共享。……我们的使命是：用我们开放式课程计划的理念和经验，启发其他机构开放、分享它们的课程，建立一个将造福全人类的知识网络。这个知识网络将可以提升学习的品质，更进一步地提升全世界的生活品质。"

麻省理工学院石破天惊般的创举，引起了世界各大名校的纷纷响应。美国的约翰霍普金斯大学、卡耐基梅隆大学、犹他州立大学，日本的东京大学、早稻田大学、京都大学，英国的剑桥大学等也相继推出开放式课程，至今已经推广到全球 120 所大学。最终目标是使有用的知识突破象牙塔的高墙，对那些能上网也渴望学习的人开放。

有人曾经做了这样的比喻："当我听到麻省理工学院的课程免费上网时，我真是呆掉了，感觉就像是宝马的经销商愿意免费送车一样。第二天，我才意识到自己的比喻是错误的，经销商确实免费送宝马，不过是以零件的方式送出，你得要自己组装起来才行。"

越来越多的书正源源不断地送到你面前，世界正处在信息无限丰富的时代，但有些东西正在变得越来越紧缺，这就是人的学习时间。据统计，一个人一生中，只有 6％～8％的时间用来阅读。如何让我们获取知识的速度更快、范围更广、程度更深、成本更低，这就是社会知识管理、组织知识管理和个人知识管理所要解决的问题。

❖❖❖当我们从『我要读书』的时代进入了『书要我读』的时代，培根的那句『知识就是力量』的名言就该重新定义了。

著作等身

　　自从清人钱泳在《履园丛话》记述下"……谦恭下士，著作等身"开始，"著作等身"这个词就开始发扬光大，不断用于各类赞美或吹捧，也成为了很多人的奋斗目标。

　　李敖先生曾在某次演讲中，站在摞起来的"《李敖大全集》"前，手舞足蹈地诠释他的"著作等身"，其"可爱"之处就在于功成名就与自恋之情毫不掩饰。相对而言，谢灵运就稍微含蓄一点，他那句："天下才有一石，曹子建独占八斗，我得一斗，天下共分一斗。"表面上称赞曹植，实际上是暗喻他自己在当时天下的绝对优势。

　　其实"等身"一词，最早出自《宋史·贾黄中传》："黄中幼聪悟，方五岁，批每旦令正立，展书卷比之，谓之等身书，课其诵读。"大概意思是，贾黄中的父亲贾批每天早晨就让他立正站直，然后把书卷展开，比照其身高，将与之等长的书，就作为他今天要读且必须完成的内容。那个时候活字印刷还没有发明，书还处于"卷""册"混用状态，这个"等身"和"著作等身"属于两种测量方法，归脑筋急转弯范畴。

　　早年的中国人用竹简木牍写书，书卷是摞不起来的，要讲高度，除非堆成金字塔，所以"度"是不行的，必须用车子来"衡"。《庄子·杂篇·天下》记载："惠施多方，其书五车。"指战国时期哲学家惠施的藏书，可以装满五辆车子。这么多沉重的

天一阁藏书（季世琛摄）

书，"汗马牛"、"充栋宇"是难免的，所以那个时代用"学富五车""汗牛充栋"来形容有学问的人。但是比起美索不达米亚平原上的苏美尔人，这些分量就算不得什么。苏美尔人用芦苇秆的分支把楔形文字写在潮湿的泥版上，然后晒干或焙烧，史称"泥牍"，像一块块砖头或瓦片。这些砖头如果装上五车，牛马们就不是出汗的问题了，可能要吐血了。

❖❖ 曾听一个外科医生说，如果他们开刀要按照刀数来收费的话，病人的肚皮要成西瓜皮了。

不过，用"著作等身"来衡量一个人的学问，因其所有的指标和因素均模糊不清，只有中国人的思维方式才能含蓄地心照不宣，将求个大概。如果按照目标管理中的 SMART 原则，对照分解，就可明白其中的浆糊之所在。

第一，S（Specific）：目标要清晰、明确，让考核者能够准确的理解目标。首先，所谓著作是指专著还是编著？是独著还是合著？都得说清楚，否则水分颇多；再者，今天"选集"，明天"文集"，后天"全集"，改头换面，多集收录，要不"等身"都难。解缙主编《永乐大典》，纪晓岚主编《四库全书》，两人从未以"著作等身"自居，倒是文怀沙破了这个规矩。

第二，M（Measurable）：目标要量化，考核时可以采用相同的标准准确衡量。字体是五号字还是三号字？行距是单倍还是 1.5 倍？页面是 32 开还是 16 开？纸张是 80 克还是 120 克？封面是精装还是简装等，一一规定得清清楚楚，并给出每 10 万字相当于多少高度的参考指导值。最后，身高也得定义一个社会平均身高，省得李敖先生在现场比画时后悔没有脱鞋，才算"费厄泼赖"。

其实，"著作等身"作为目标，本身就是个天大的误导。纪晓岚在《阅微草堂笔记》中记载有这么一段，一个士人在泰山深处遇见高人，纵览经香阁，并听高人介绍了经典的定义，说除此以外的书籍"虽著述等身，声华盖代，总听其自贮名山，不得入此门一步焉"。任你自我陶醉，别人概不认账。

听前辈说，设计院有一段时间用图纸张数来计算奖金，一时间能画两张不画一张，能画一号图不画二号图，颇有"图纸等身"的味道，还好时间不长就废止了。

著书立说的目的不在于其厚薄。老子的《道德经》也就五千多字，英国科学家华生和克里克获得 1962 年诺贝尔医学奖和生理学奖，确立 DNA 双股螺旋模型的论文，也就千把来字。曾听一个外科医生说，如果他们开刀要按照刀数来收费的话，病人的肚皮要成西瓜皮了。其中奥妙，殊途同归。

依葫芦画瓢

　　"依葫芦画瓢"的本意是贬多褒少，讽刺别人刻板地模仿，缺乏原创新精神。可是在世风日渐浮躁的今日，能够静下心来"依葫芦画瓢"的人，也日渐稀少。

　　"依葫芦画瓢"的学名叫临摹。自古以来，临摹一直是学习书法或绘画技法，借鉴和继承优秀传统的主要途径与手段。"临"是照着原作写或画，"摹"是用薄纸（绢）蒙在原作上面写或画，大多数人练习书法，都有描红的经历，也属于摹。

　　儿子每次开学，老师开的课外参考书单中，总有几本"范文大全""分类作文学练大全"之类的书本，这是现在应试教育中普遍流行的"依葫芦画瓢"作文教学法。"瓢"就是老师要求学生写的作文，"葫芦"就是现成的文章。学生不会画"瓢"，找个"样"来让他们照着画。老师得意地美其名曰：现代版"熟读唐诗三百首，不会写诗也会吟"。

　　老爸退休后热衷于摄影。他的心得是，摄影也要"临摹"。选一些摄影名作，按照这些作品拍摄时候的光圈、速度、角度等参数，对比拍摄的效果，短时间就能技艺大增。

　　眼下企业管理流行标杆学习（Benchmarking），瞄准一个比其绩效更高的组织进行比较，以便不断提升自己。标杆管理起源于20世纪70年代末80年代初。首先开辟标杆管理先河的是施乐公司，他们不断寻找和研究同行一流公司的最佳实践，并以此为基准与本企业进行比较、分析、判断，从而使自己企业得到不断改进，其核心是向业内或业外的最优秀的企业学习，也叫作模仿创新的过程。

　　其实比他们更早的时候，全中国都在干同样的事，我们的理念是"榜样的力量是无穷的"，于是乎，工业学大庆，农业学大寨，全国人民向雷锋同志学习。也有分类学法，解放军学欧阳海，青少年学草原英雄小姐妹，大学生学张华……元代有个叫"郭居

二十四孝图之一："曾参啮指心痛"

敬"的人，为了宣扬儒家思想及孝道，把历代孝子从不同角度、不同环境、不同遭遇行孝的事迹编成故事，一下子树立了24个标杆，编成《二十四孝》，序而诗之，用训童蒙，广为传播，以维护社会道德。

人工智能有两个分支，一个分支叫作"模式识别"，是"依葫芦认瓢"，手写技术、机器视觉等都是依靠它，英国科学家采用它开发了一套类似"绿坝"的软件，可以初步判别网络上图片是否属于限制范畴。另一个分支叫作"基于案例的推理"，也是类似原理，"依瓢画瓢"属于抄袭，"依葫芦画瓢"就有点"创新"的味道了吧。

 萧规曹随

周公姬旦大概是中国古代有记载的最早善于制定制度的人。当年成王年幼，周公辅政，东都洛邑落成之后，周公召集天下诸侯大行封赏，并且制定和推行了一套周全而严密的典章制度，也就是所谓"制礼作乐"。大功告成后，周公还位于成王。一代奸雄曹孟德也忍不住称赞："周公吐脯，天下归心。"春秋以后，诸侯纷争，周礼逐步失去了原有的威力，史称"礼崩乐坏"。这时期涌现出一批被称为"法家"的改革者，这些兄弟有的颁布法令

汉代名臣萧何画像

与刑书，有的改革田赋制度，李悝、申不害、韩非子等人就是杰出代表。有个叫商鞅的哥们，更是有名的实干家，他建立新的军功爵制，激励士兵奋勇杀敌，制定新法，使得百姓各司其职，安分守己，愣是把落后的秦国搞得有声有色。可是过于刚猛的人往往不善于保护自己，等到他的靠山秦孝公挂了的时候，他的对手就用他的法令来对付他，搞得他仰天长叹："偶是作法自毙啊！"两千多年前的黑色幽默。

秦国的贵族把商鞅干掉了，可商鞅法令的精髓却流传了下来，于是秦国日益强大，席卷天下，包举宇内，囊括四海，终于"六王毕，四海一"。秦朝末年，大混混刘邦忽悠了 3 个大能人张良、萧何、韩信，在他们的辅佐下，刘混混率军一路夺关斩将，势不可挡。杀进咸阳后，刘混混忘乎所以，流氓本性毕露，五子登科，众将士也纷纷乘乱抢金掠银。惟有书呆子老萧急如星火地赶往秦丞相御史府，"收丞

相、御史律令图书藏之"，将秦朝有关国家户籍、地形、法令等图书档案一一进行清查，分门别类，登记造册，统统收藏起来。刘邦安定天下后，老萧根据当初收藏的这些秦朝的律令图书档案，制定了正确的方针政策和严密的律令制度，在《秦法经》的基础上增补修改成了《九章律》。《九章律》基本大法的地位和作用，直到东汉也没有改变，史称"萧何定律"。

汉代名臣曹参

老萧死后，他的好友曹参接替他做了汉朝的相国。老曹是个明白人，他没有新官上任三把火，而是整天喝酒唱歌，所有的事务都没有改变的，完全遵守萧何制定的规约。群臣议论纷纷，甚至老板汉惠帝也觉得养了个不干事的相国挺冤。老曹解释说："我们这帮人的能力比起萧何来，差的不是一两个档次的，他明确的法令，我等能够恪守职责，遵循前代之法不要丢失，就已经相当不错了。"老曹死后，民谣唱道："萧何定法律，明白又整齐；曹参接任后，遵守不偏离。施政贵清静，百姓心欢喜。"史称"萧规曹随"。

和国家的律令规章一样，企业制度的发展一般有4个层次。

第一个层次，没有制度。企业初创阶段制度极不完善，大事情上"约法三章"，小事情各行其是，不管白猫黑猫，能逮耗子就是好猫，实在搞不定，老大说了算，老板的嘴巴就是制度，是人治而不是法制。在大环境缺乏的情况下，很多企业很多年都是这样。

第二个层次，制度流于形式。企业开始做大做强，今天收购明天整合，感觉到没有制度很难玩转，开始怀念秦始皇、车同轨、书同文。于是聘请管理咨询公司，模仿世界500强，搞这个认证那个认证。可惜聘请的顾问少有高人，多为方士巫汉之流，抄来的制度基本上属于东施效颦，这类制度的可执行性很差，其原因是因为企业缺乏"制度的制度"。

第三个层次，寻求制度的执行力。当企业流程系统逐渐强大，员工职业素养日益提高，开始追寻协同了，而协同的前提是拥有严格可行的标准和制度。于是追求ERP，追求工作流，寓无形于有形，日益强大。

　　第四个层次，制度的自动变革。当企业的制度融入血液，它就变成一种方式，也就是所谓的文化，文化强大的企业能够自动地进行变革和再造，不断推出新制度。

　　俗话说，管理管理，要先"理"后"管"，理就是要先制定规则。可制定规则不是件随随便便，谁都能干的事，曹参之辈都自叹不能的事，可见有相当的难度。"理"要先"解"，要格物致知，"理"呼唤姬旦，呼唤商鞅，呼唤萧何，不然的话，迟早会剪不断，理还乱。

 房谋杜断

功成名就、大发横财的暴发户最热衷的就是追根溯源，攀龙附凤，大修家谱。章太炎晚年索居苏州，经济拮据，"青帮"老大杜月笙雪中送炭，多有接济。章对杜既感激又敬佩，用古色古香的文句为杜月笙修订了家谱。以国学大师的身份，"考证"出"杜之先出于帝尧"，让出身微寒、父母双亡、近族寥落的杜月笙跻身帝王之系、名人之后，成为国学界的一大笑柄。

2004 年，某功夫巨星公开宣布，他是唐朝宰相房玄龄的后代，要前往山东临淄寻根，并将儿子改名姓房，大张旗鼓地认祖归宗。但海内外房氏总联络人却宣布，巨星真正的祖籍应该是安徽和县，认房玄龄为祖只是一厢情愿。

不管是祖宗还是本家，巨星认准的房玄龄确实是个了不起的人物。房玄龄出身书香门第，年少成名，18 岁就中了进士，一介书生跟随李世民运筹帷幄，南征北战，削平群雄。又辅佐唐太宗主持律令，总领百司，安定天下。既能夺天下，又能治天下，被后人评价为唐代名相之首。

像苏格拉底一样，很多人的智慧都是由老婆炼成的，房玄龄也不例外。房玄龄太太卢夫人强悍无比，把老房收拾得像小绵羊一样。唐太宗实在看不下去了，为了让功勋卓著的老部下生活工作两不误，下诏赐给房玄龄两个绝色美女，可老房竟然连领回家的勇气都没有。无奈之下，太宗决定好事做到底，宣卢夫人上殿，给她两个选择，要么

唐代名臣房玄龄画像

※※ 在夫人的严厉监管下，老房总是战战兢兢，如履薄冰，优柔寡断，瞻前顾后。可坏性格运用得当，也能变废为宝。

让老公纳妾，要么喝"毒酒"。卢夫人毫不犹豫地把"毒酒"喝个精光，结果发现喝的原来是醋。"醋坛子"卢夫人让太宗都觉得老房怕得有理，从此流传下了"吃醋"的典故。

多少年后，那个想认祖归宗的功夫巨星金屋藏娇，却找借口说"这是全世界男人都会犯的错误"，当真是头脑简单，数典忘祖。

唐代名臣杜如晦画像

除了"吃醋"，和房玄龄有关的另外一个典故叫作"房谋杜断"。在卢夫人的严厉监管下，老房总是战战兢兢，如履薄冰，优柔寡断，瞻前顾后。可是坏性格运用得当，也能变废为宝，甚至激发特殊才能。房玄龄与魏征同修唐礼，制定典章制度，唐太宗也经常让老房出谋划策。

《旧唐书·房玄龄杜如晦传论》记载："世传太宗尝与文昭图事，则曰：非如晦莫能筹之。及如晦至焉，竟从玄龄之策也。盖房知杜之能断大事，杜知房之善建嘉谋。"

这个成语的另一个主角杜如晦，也是个了不得的人物。老杜聪明无比，胆识过人，遇事善断，处理公务迅速无误，是同僚中最为干练的人才。房玄龄说："别的人全调走不足惜，唯杜如晦不可舍。"两人一个善谋一个善断，配合默契，治理国家，可谓李世民的左膀右臂，贞观之治，功不可没。

菲利普·科特勒的畅销书 Marketing Management 的副标题是——analysis，planning，andcontrol，把"谋""断"两个行为切成三段，富有西方思维的味道。但中国人理解的时候，终归有些偏差。大陆翻译成"营销管理"，台湾翻译成"行销管理"，一字之差，我总觉得"营"字的 marketing 和 planning 的味道更浓一点。

迪斯尼被喻为创意天才，因为迪斯尼在工作过程中采用了非同寻常的头脑使用策略。每当迪斯尼团队产生一种创意的时候，迪斯尼就会扮演 3 个不同的角色：梦想家（Dreamer）、实干者（Realist）和批评者（Critic），称之为"迪斯尼策略"，也是兼顾"谋""断"。

现在流行一句话，做正确的事情比正确地做事更重要，看看人家老房、老杜和迪斯尼，其实二者是可以得兼的。

知識應用 李白和武松

乔布斯曾经深度思考过，为何人在 30 多岁后就会变得思维僵化、缺乏创新意识，他说："人们被卡在这些固有的形式中，就像唱片中某一段固定的凹槽，他们永远无法摆脱出来。"他探索的是人的内因，希望用数字技术把"僵化"的人重新拉回到科技与人文的交叉点。

在国外的这段时间里，我对比观察了国外的中小学教育，发现我们国人早在 30 岁，也许 20 岁以前就已经"僵掉了"，这种复合的僵化剂包括观念、思维、体制、环境、文化和曾经的"计划"。人们甫一出世，就被安置在唱片的凹槽间了。

儿子在国内上初一时，老师布置了一篇作文，名字叫作"探索使我快乐"。这个题目让儿子很有感觉，于是他兴致勃勃地写了一篇叫作《李白和武松》的文章。

文章的题目就让我感觉很棒，很"穿越"。一文一武，一唐一宋，跨度和领域比起《关公战秦琼》还要丰富。主题也很有意思，李白和武松的酒量谁大？一个是斗酒诗百篇的酒中仙，号称会须一饮 300 杯，一个是痛饮 18 海碗后赤手空拳打死猛虎的英雄，到底谁更厉害？

于是儿子开始了他的探索，首先是"18 海碗"和"300 杯"谁多谁少？很难比较，不像面对面比酒量，各干掉多少碗多少瓶，直接比数目就完了，容器充满了不确定性。既然唐诗有"葡萄美酒夜光杯"的名句，儿子就把客厅博古架上的夜光杯拿下来，当做李白的器皿。海碗就比较容易，直接把消毒柜里最大的碗拿出来就行了，在夜光杯中装满了水，一杯杯地倒入"海碗"，自认为初步搞清楚杯、碗的容量换算关系。

然后要确定李白喝的酒和武松喝的酒是不是一样，查了很多资料发现，唐朝的酿酒水平不是很高，很多高度酒都是西域进贡来的，李白在酒家喝的，也就是低度的米酒而已，相对而言武松喝的酒，既然

※※ 人们被卡在这些固有的形式中，就像唱片中某一段固定的凹槽，永远无法摆脱出来。

老爸用儿子照片所做的「探索」

号称三碗不过岗，酒精度数一定高多了。

结论是两位"牛人"所喝的酒的数量比只能粗粗估计，酒精含量比更是难以定量得出，没法比较，但探索的过程其乐无穷。

老师给了个冷冰冰的评语："无聊"，同学们也纷纷嘲笑。儿子很沮丧，回来和我说，老师说了，这样的作文在中考时肯定得不了高分，应该写对科学的探索，比如日月星辰的运行，比如蚂蚁搬家的过程，比如花开花落的记录。

我也很纠结，其实儿子选了个非常大的题目，一点一点夯实前提的过程，充满了探索的元素。但这种很穿越的题材，让中规中矩的应试教育很为难，特别是"酒量"主题，不符合学生守则，又和祖国花朵的培育主流相去甚远。

孩子的好奇心和热情就这样淹没在冰冷的口水和"阳光"的原则中。

趣谈做饭

老友来访，带来一份公司的礼品——时下流行的有机大米，叫作"自家米"，包装得甚为别致。一段充满关怀的话语更是让我依稀想起哥伦比亚咖啡的广告，说明中巧妙地嵌入了"5M1E"的元素，把流程管理和知识管理的精华体现得淋漓尽致。

童年时代是在传说中的鱼米之乡（"文革"中得打点折扣）的长江岸边度过的，父老百姓以大米为主食，所以自幼就是个"大米控"。记忆中米的种类非常丰富，酿酒蒸糕有糯米，滋补养颜有血糯米，一日三餐是粳米（在上海吃洋籼米的外婆常常羡慕不已）。各类时令菜均可与之搭配成喷香可口的菜饭，荠菜饭、草头饭、豌豆饭、扁豆饭、赤豆饭、芋艿饭、咸肉青菜饭，拌上猪油，三碗乃足。

家住厂区宿舍，家家户户都用蜂窝煤做饭。在炉子上用钢精锅做饭和用煤气做饭大同小异，都是大火烧开小火焖熟。煤气大火变小火很容易，拧一下开关即可，蜂窝煤炉子可没那么容易，方法五花八门，记忆中是隔上一块圆形的厚钢板，既减小炉子通风量，又能立刻减弱热传导。多少年后回忆起来，还是很佩服其中的智慧。

烧饭对于三年级小孩子最大的挑战，就是加水，水太多，饭烂糊，水太少，饭夹生。当时的容器不像现在的电饭煲是有刻度的，也不可能像德国人用量杯（家里舀米的是椰子壳）。老妈教我一个办法，用一根竹筷子插到锅底，量一下锅中米的高度，用刀刻一个印痕，再往锅中加水，水超过米面的高度和刻痕一样时，水量就正好。于是我每次做饭都工程浩大，盆、瓢、锅、刀、筷、案板一起上阵，不到一个月，家里的竹筷个个伤痕累累。日后发现，这个流程需要再造的地方那是大大地多。

这个办法基本管用，但也有不靠谱的时候，有时换个底部有点锥形的锅子，水就一下子多了，于是就会烧成烂糊饭。如此几次以后，

※※当技术过于工具化，知其然而不知其所以然的时候，人和自然的连接，天人合一的境界也就随风而散了。

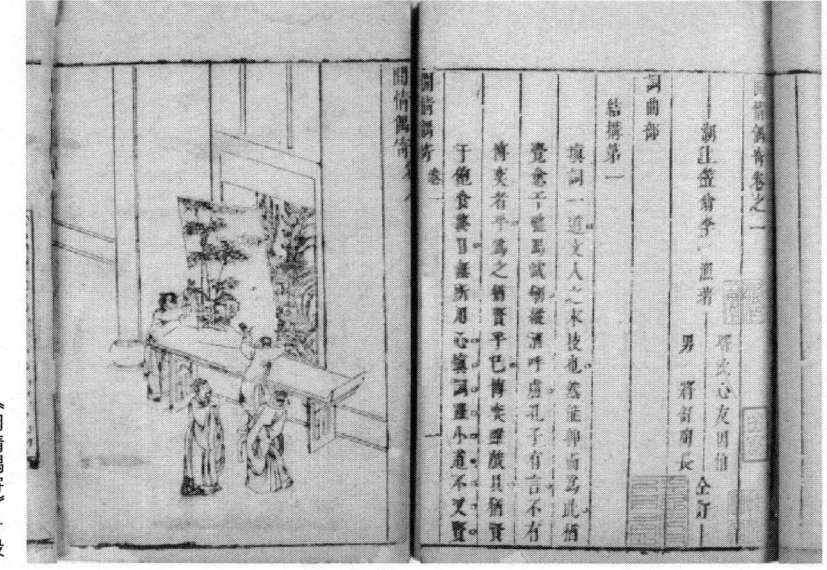

《闲情偶寄》片段

老妈就来救场，在大火烧开后，把米汤倒出来一些，于是米水平衡，饭就恢复了原来的质量。倒出来的米汤营养丰富，老妈就让我喝了。

这下我大开眼界，原来中间还可以"动态控制"，特别是米汤，太鲜美了。其后的几天，我天天自己倒一碗米汤喝，还加了些白糖，觉得烧饭真是个好差事。直到有一天，用旧锅子烧饭，我还是照样喝了一碗米汤，等到一家人对着夹生饭的时候，我才意识到今天的初始水量是正好的，没有"克扣"的机会了。

多年后，读李渔《闲情偶寄》中"饭粥"篇，读到"加水"一节，竟是当年生动写照。感叹原来技术和文化是相辅相成的。抄录如下，以飨读者。

不善执爨者，用水不均，煮粥常患其少，煮饭常苦其多。多则逼而去之，少则增而入之，不知米之精液全在于水，逼去饭汤者，非去饭汤，去饭之精液也。精液去则饭为渣滓，食之尚有味乎？粥之既熟，水米成交，犹米之酿而为酒矣。虑其太厚而入之以水，非入水于粥，犹入水于酒也。水入而酒成糟粕，其味尚可咀乎？

李笠翁的这类技巧，现在已经很大众化了，电饭煲把人人都变成了烧饭高手，想做砸都很难。儿子小学三年级时烧出来的饭，我用炉子无论如何也做不到那个水平。家中的电饭煲叫作神经元模糊电饭煲，只要你加入适量的米和水，设定几点想吃饭，一系列按钮按下去，就可以"饭来张口"了。只是儿子对于米和水毫无感觉，更没有做饭过程的乐趣。

　　现在很多的设计师，把参数输入程序，电脑就自动分析画图设计，至于各个因素之间的关联和机理，对不起，没时间理解。但他们振振有词：房子不也造起来了吗？可造房子毕竟不是烧饭。

　　当技术过于工具化，知其然而不知其所以然的时候，人和自然的连接，天人合一的境界也就随风而散了。

❖❖当技术过于工具化，知其然而不知其所以然的时候，人和自然的连接，天人合一的境界也就随风而散了。

愿望和现实

告子曰："食、色，性也"，很多人都把这句话和孔子的"饮食男女，人之大欲"对应起来，解释为食物和性是人的基本需求。我的理解更加广阔，"食"是指包括食物在内一切物质基础、色是泛指各类美好的精神追求，简言之，就是马斯洛需求层次的缩微版。

"食"、"色"二字投射到大千世界后，那就五彩缤纷，斑斓多姿了。有的很物质，典型的如流行歌曲中唱的"Material Girl"；有的很虚无，追求柏拉图式感情。两者结合得比较好的也很多，比较直接有趣的一类人，是从舌尖上品味人生的，通俗的叫吃客，调侃的叫老饕，自封就是美食家，认为自己是美食实践享受与经验艺术觉悟的协调者与探索者。

有个部队的朋友告诉我，刚当兵时吃饭没油水，饭量大，每次吃饭时都是盛满满的、按得瓷瓷实实的一碗饭，可是等要盛第二碗时，饭没有了，所以每次都只能吃一碗饭。后来发现老兵们每次总能吃一碗半，于是就虚心地向老兵讨教。老兵告诉他："第一次只盛半碗饭，饭盛少点不但凉得快，吃完更快。你吃完了第一碗别人还没吃完，这时候你就可以满满地盛第二碗了，每次不就多吃半碗饭了。而新兵蛋子着急忙活着把一碗吃完再去打饭的时候，锅里就只剩下锅巴了。"很传神，充满了技巧，但为填饱肚子要这样奋斗，和"美"是不沾边的。

所以吃得"美"的前提是财富，仓廪足然后知美食，家徒四壁，嘴里都快淡出鸟来的人是没有资格谈的。钟鸣鼎食，自然吃得好，整天为窝头东奔西跑的人，也就是个杂和面口袋。财富是个必要条件，未必是充分条件。掉在米缸里的老鼠也就混个肚圆，掌握公款的贪官也难得有吃出境界来的。

有了财富还得有兴趣，茹素辟谷，不食人间烟火者，基本上是自

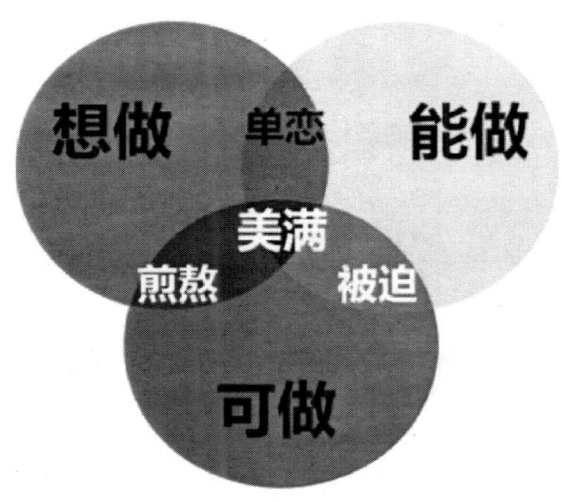

动退出的。所谓兴趣是认为他的行为会给他带来很多乐趣，他们对美食的掌故和分布了如指掌；哪里有新的美食，他们就会在第一时间赶到，然后给出恰如其分的点评。

美食家的胃口是他们的异秉天赋，虽不至于像"七把叉"那样天生大胃王，但他们那不知疲倦的精神和兴致勃勃的劲头，昭示着这个活也是要苦干加巧干的。

《礼记》曰："人莫不饮食也，鲜能知味也。"吃人参果的猪八戒，在美食家的眼中，只能是个"吃货"。美食家是以快乐的人生态度对食品进行艺术赏析和美学品味，侧重的是认识说明与理论归纳，在他们的行为背后是知识、文化、掌故、美学、艺术、科学、技术乃至哲学的融合。

杨国安教授的构建组织能力理论"杨三角"中，有 3 个独立的元素，分别是允、愿、能，代表现实、愿望和能力均衡，套一句上海"吃货们"的行话，这 4 个层次叫作："有的吃，想吃，吃得落，会得吃。"世间万物，莫不如此。

※※现实、愿望和能力均衡，套一句上海吃货们的行话叫作："有的吃，想吃，吃得落，会得吃。"世间万物，莫不如此。

应试与测试

　　《嘻谈录》（清·小石道人）中记载了这么一个笑话。有个东家想请个先生，和县学学官商量。学官说："备下酒席，挑选了四五个秀才，喝得畅快时，安排人进来报告，就说学政官明天要来主持考试，不害怕的人，学问想必不错，到府上教书定能胜任。"主人依计而行。酒过数巡，忽然有人进来报告"学政官明天要来主持考试！"众秀才莫不惊慌失措，只有一个人毫无惧色，坐在那里寂然不动，主人大喜，这就是我要聘的人。可上去仔细一看，此人已吓得气绝身亡了。主人手足无措，学官说："莫急莫急，我自有办法。"上前大喝一声："阴间的学政官也要来主持考试！"那吓死的秀才顿时活了过来。

　　从科举考试成为官员选拔的制度开始，"考试"就成为中国人又爱又怕的事情，爱是因为它是通往荣华富贵的途径，怕是因爱生怕，因为大家太在乎它。西方人将中国的科举制度称之为

科举考试放榜

"中国第五大发明"。它无疑对中华民族，对全人类都是一个了不起的贡献。

孙中山先生曾认为传统西方宪法在政府机关采取的三权分立（行政权、立法权、司法权）制度中，行政机关拥有考试权将可能滥用人才，立法机关拥有监督权则将有国会专制的流弊，因此认为应该将此两者分离，另设考试院和监察院，考试院的主要职能之一就是主管公务人员考试及专门职业及技术人员考试等各种国家考试。我国台湾地区至今还沿用这一政体。

大陆的高考制度，也曾经被"革命"，后果是人才凋零，万马齐喑。恢复高考后，千军万马过独木桥，局面异常惨烈，中小学教育惟一的指标就是升学率，手段就是应对考试。儿子在国内所读的初中，号称在上海名列前茅，天天有考试，学生戏称"周周爽"，意思是卷面上布满了大大小小的叉叉。12 年书读完，做过的试卷垒起来，大概可以等身了。

自古以来，考试（测试）一直是能力认证的基本方法。只要供求不平衡，就会产生选择，而考试则是选择的一个手段。萨特说，存在就是选择，不是选择就是被选择，考试就是选择，应试就是被选择。

从这个意义上，人无时无刻不在"考试"和"应试"。购买商品，就是对商家和厂家的"考试"；寻找工作，就是去"应试"；选择电视节目，就是对电视台考试。作为电视台命根子的收视率，作为企业命根子的客户忠诚度，和考生的分数又有什么两样呢？

因而从这个的角度看起来，培养一些"应试"和"考试"的技能和技巧，倒是无可厚非。

大部分人这一辈子一开始是应试，找工作要应试，毛脚女婿上门要应试，公司提拔要应试。然后是主考，挑女婿儿媳要主考，买房买车要主考……

应了那句话，除了死亡和缴税，第三个离不开的就是应试和考试。

❖❖❖考试一直是能力认证的基本方法。只要供求不平衡，就会产生选择，而考试则是选择的一个手段。

机器翻译

"对牛弹琴"是抱怨沟通困难的人常常挂在嘴边的词，意思是没有共同语言。某单位大力推广 ISO 9000，专门请来资深讲师，但面对一大堆术语理念，员工们头疼不已，谓之"鸡同鸭讲"。

秦始皇也痛恨这种状态，下令统一和简化文字，于是各地的文化交流就方便多了，历史上叫作"书同文"。1986 年，国家把推广普通话列为新时期语言文字工作的首要任务，应该也是这千年工程的延伸，追求"语同音"了。

人工智能的研究者没有政府的强势和权利，行为就显得比较人性。他们刻苦钻研机器翻译（machine translation）技术，想利用计算机把一种自然语言转变为另一种自然语言。有一种设想是发明一种随身携带的机器，可以把各种语言互相翻译，充当富有魅力的"第三者"，那时候，云游世界，就可以达到"莫愁前路无知己，天下谁人不识君"的境界。

1949 年，美国人韦弗热情洋溢地表示，用计算机完全能够解决语言的翻译问题。这种设想引起了美国政府和科学界的兴趣。因为在激烈的世界科技竞争面前，大部分美国科学家和工程师都不能阅读俄语书，而大部分前苏联科学家和工程师却都精通英语。"敌人在暗处，俺们在明处"，

第一台电子计算机 ENIAC

太可怕了。机器翻译的研究项目因此受到了高度重视并获得大量的经费资助。

可是科学家很快就沮丧起来了，据说在一次测试中，当美国人向计算机里输入一个英语谚语"心有余而力不足"时，输出的俄语意思却变成"酒是好的，但肉已经变质"。再输入英语谚语"眼不见，心不烦"，机器输出俄语是"眼睛失明，精神失常"。翻译机这种"自我批评"实在叫人啼笑皆非。

儿子兴致勃勃地给我讲造句的笑话：

老师让同学用"难过"造句，同学说"马路上汽车很多，很难过去"。

老师让同学用"从容"造句，同学说"我做事情，都是先从容易的做起；"

老师让同学用"如果"造句，同学说"罐头不如果汁营养丰富"。

捧腹之余，暗想如果计算机来批作业，没准这小子可以得满分。其实这是中文机器翻译的一个难点，学术名词叫作"分词"。

如果上述的例子统统可以作为笑料的话，前些日子中国学界传诵着一段历史系副教授"人工翻译"错误百出的笑话却实在让人笑不出来。清华大学历史系副主任王奇博士所著的《中俄国界东段学术史研究》一书，翻译资料的时候，就把韦氏拼音标注的ChiangKai-shek（蒋介石），译成了"常凯申"，这已经不是语言问题，而是个专业问题，甚至是个专业常识问题了。

人的翻译都那么不靠谱，我们就不要对机器寄予奢望了！

❖❖❖ 有一种设想是发明一种随身携带的机器，可以把各种语言互相翻译，就可以达到「莫愁前路无知己，天下谁人不识君」的境界。

知识应用 坚守与背离

　　《史记·季布栾布列传》记载："楚人谚曰'得黄金百斤，不如得季布一诺'"，这就是成语"一诺千金"的出处。这个典故的主角季布，是秦汉时期的一个大侠，以讲信用，不食言而名扬天下。当然，我相信这个事实成立的前提是季布不轻易许诺，所有的诺言均在其掌控之中。

　　季布曾经是项羽的大将，数次把刘邦打得狼狈不堪，从这种背景推断，他应该有足够的财力和资源来兑现他的诺言。而且，季布是一个非常有头脑的人，思路清晰，推理缜密，对诺言的可行性也有高超的判断能力。汉惠帝的时候，季布担任中郎将。匈奴王写信侮辱吕后，吕后的妹夫樊哙，想要迎合吕后心意，夸口说："我愿带领十万人马，横扫匈奴。"各位将领齐声说好。季布却说："樊哙当斩。当年高皇帝拥兵三十万尚被匈奴困在平城，樊哙也在军中。如今樊哙怎么能用十万人马就能横扫匈奴呢？"吕后因此不再议论攻打匈奴的事了。

　　信守诺言的人自古以来便是稀缺资源，所以对诚信坚贞的讴歌和背信薄幸的谴责，一直是文学和艺术的永恒主题。

　　《庄子·盗跖》中记载了一则名为"抱柱"的故事。尾生同一女子相约在桥下见面，等了很久，不见女子到来。这时河水猛涨，淹没桥梁，尾生为了坚守信约，不肯离去，抱住桥柱，淹死在水里。后来便以"抱柱"比喻坚守信约。李白在《长干行》中咏道："常存抱柱信，岂上望夫台。"生动地表达了新婚男女的海誓山盟。

　　1596 年，一个名叫"巴伦支"的荷兰船长，率货船经过北极圈的时候，被冰封的海面困住了。巴伦支船长和 17 名荷兰水手拆掉了船上的甲板做燃料，靠打猎来勉强维持生存，度过了 8 个月的漫长冬季。在这样恶劣的险境中，8 个伙伴相继死去了，但荷兰商人却做了一件令人难以想象的事情，他们丝毫未动别人委托

十二月党人的妻子们

❖❖ 信守诺言的人自古以来便是稀缺资源，所以对诚信坚贞的讴歌和背信薄幸的谴责，一直是文学和艺术的永恒主题。

给他们的货物，尽管货物中就有可以救命的衣物和药品。冬去春来，幸存的商人终于把货物几乎完好无损地带回荷兰，送到委托人手中。他们用生命作代价，守望信念，创造了传之后世的经商法则，为荷兰赢得了海运贸易的世界市场，给荷兰人赢得了享誉世界的"海上马车夫"的称号。

　　1825 年 12 月，一批深受法国启蒙思想影响的俄国贵族知识分子先后在彼得堡和乌克兰举行武装起义，史称"十二月党人起义"。起义失败后，5 位首领被沙皇处以绞刑，121 人遭到流放。沙皇专门修改了不准贵族离婚的法律，命令他们的妻子与"罪犯丈夫"断绝关系。出人意料的是，这些端庄、雍容、高贵的女性离开金碧辉煌的宫殿，告别襁褓中的孩子和亲人，抛弃了昔日的富足与优裕，坚决要求随同丈夫一起流放西伯利亚！这些风流倜傥的贵族，因为理想而抗争，因为理想而流放，因为坚贞不渝的爱情而使生命得到了升华！

　　精英们的行为标准总是让人热血沸腾，可要让芸芸大众完全效仿，既无可能也无必要。普通老百姓，说到一定做到，是相当有难度的，老百姓的行为还是要和自己的实际情况匹配，过于苛求，就不够"和谐"了。一般来说，事与愿违有以下几种类型：

身不由己型。"常恨此身非我有，何时忘却营营"，许诺陪老婆孩子去度假，陪老爸、老妈去旅游，总归会让位给"更重要"的事情。五柳先生曰："既自以心为形役，奚惆怅而独悲？悟已往之不谏，知来者之可追。实迷其未远，觉今是而昨非。"学点时间管理，还有救。

自我膨胀型。很多"承诺"和"决心"不是发自内心和大脑的。本身能力只能做两个单子，老板鞭打快马，给了你六个，让你顿生一种"能力高强"的错觉，士为知己者死，于是你基本上是死定了。有的企业，在某个领域做得不错，于是乎自以为无所不能，惨死的例子比比皆是。对这种病，苏格拉底早就开了药方，"认识你自己"。

"三边六拍"型。边做计划、边实施、边修改，此为三边也。顾客拍脑袋，想出新的需求，一拍；老板拍拍项目经理，交待任务：此项目非君莫属，二拍；项目经理高兴了，拍拍胸脯：此事包在我身上，你放心，三拍；任务没完成，老板发火，拍桌子，四拍；项目经理也火了，除了需求啥也不给怎么可能做得好，老子不干了，拍屁股走人了，五拍；老板拍大腿，早知如此，何必当初，此为六拍也。这些把管理、决策游戏化的团队，除了"歇菜"，没有第二种可能。

"广告油漆"型。按照 ISO 标准流程，做项目可用两句话概括，"做你所写的，写你所做的"。"做你所写的"就是按照你自己规定的流程和允诺的标准执行，"写你所做的"就是把你的行为记录下来，作为验证和追溯的依据。这是一切现代企业和职业人士基本的行为指南。但很多的规章和制度都是广告忽悠型的，认证证书都是门面型的，这些"挂羊头卖狗肉"的行为，基本属于承诺的反面——欺骗。

看来，决定承诺顺利兑现的因素实在太多，说到一定做到实在太难，那么就退而求其次，做不到的一定不要说。

沽名和钓誉

《笑得好》（清·石成金）中辑录了一则名为"称号"的笑话，说是有个王婆，家境富裕而又好夸耀，想在寿材上题上她的名字和称呼，她认为请道士题词光彩有面子，便多多赠与钱财，请他务必多写好话。道士绞尽脑汁，王婆实在没有什么荣耀可称呼，便写道："翰林院侍讲大学士国子监祭酒隔壁王婆之枢。"虽然是个笑话，却生动地折射出那些沽名钓誉之辈的浅薄心态。可叹的是，日光之下，并无新事，王婆的活剧，现在还在一幕幕地发生。

沙皇彼得大帝画像

俄罗斯最伟大的沙皇彼得一世，从 19 岁开始，以下士的身份在军中服役，靠着战功，而不是沙皇的身份获得了海军中将的军衔，在有生之年，他的个人用度从来没有超出一个海军中将的薪俸。在一次接见海外归来的留学生时，彼得伸出右手说："你看，老弟，我是沙皇，但我手掌上有老茧，这些都是为了给你们示范。"

可大帝的示范终究敌不过人性的贪婪，几百年后的苏联，出现了一位让人啼笑皆非的新沙皇勃列日涅夫。勃列日涅夫有浓郁的"勋章情结"，趋炎附势者投其所好，把一大堆名目繁多的勋章、奖章挂在他的胸前。终其一生，他没少给自己发勋章，仅仅以"列宁"名字命名的奖章他就得了 3 次，金星勋章得了 19 枚，苏联英雄勋章得了 4 枚，累计共 200 枚。按规定，其中很多勋章只授予在反法西斯战争中建立决定性成功的军事长官和军队统帅，但勃列日涅夫既非高级军事长官，也未亲赴前线指挥过作战，更谈不上在反法西斯战争中立过什么战功，这么多"隔壁"的勋章挂在自己胸前，活像

❋❋中国足球在提高技战术水平方面可谓江河日下，但粉饰门面的功夫与劲头，却和『王婆』有得一拼。

一块巨大的补丁，一般补丁都打在屁股或膝盖上，打在心口，说明比较缺心眼。时间过去了20多年，勃列日涅夫的名字仍常常出现在俄罗斯的各种场合，挂在老百姓的嘴边，不过不是不朽，而是遗臭。艺人们常常装出一副臃肿不堪的样子，嘴角歪斜地说："今天，我……代表……苏……苏联政府……授予您勋……章……"

中国足球在提高技战术水平方面可谓江河日下，但粉饰门面的功夫与劲头，却和王婆有得一拼。1994年，职业联赛创办伊始，就开始蠢蠢欲动，保留了计划经济时代的甲A、甲B的称号。曾经被誉为小世界杯的意大利足球联赛也就分甲、乙两级（Serie A，简称"意甲"，Serie B，简称"意乙"），中国的甲A译成英语，不知是不是Serie AA，现在智能楼宇评级的最高等级是AAAAA，两个A应该属于"弱智"。

2004年，中国球迷的心随着中国队的国际排名一起降到了冰点，与此相对的是，中国足协的恬不知耻到达了沸点，他们竟然眼热起英格兰来了。英格兰1992年把联赛冠名超级足球联赛（FA Premier League）后，英超成为世界上最受欢迎的体育赛事，但那是技术水准和商业运作能力使然，几年来人家多次在欧冠八强中占据一半，更何况，更准确的译法应该是"顶级联赛"。水平上不去，那就把名字搞上去嘛，中国足协干脆称"甲A"为"中超"，冠之以"super"。可"中超"听起来实在太像"种草"了，结果一语成谶，现在中国球员的身价已经沦落得和草皮差不多了，真个是超级"王婆"。

季羡林老先生对外界加在他头上"国学大师"、"学界泰斗"、"国宝"的这些光环，公开表示不愿接受，他说："三顶桂冠一摘，还了我一个自由自在身。身上的泡沫洗掉了，露出了真面目，皆大欢喜。"先生之风，山高水长！

承受与享受

孟老夫子在那篇《生于忧患，死于安乐》中列举了多位出身贫寒的成功人士后，发出了总结性的感慨："故天将降大任于斯人也，必先苦其心志，劳其筋骨，饿其体肤，空乏其身，行拂乱其所为，所以动心忍性，曾益其所不能。"生动地点明了"不受苦中苦，难为人上人"的基本道理。

民间的说法比较直白"要想人前显贵，必先人后受罪"。更加搞笑的说法是用"光见贼吃肉，没见贼挨打"来彰显这是一个黑白两道通吃，放之四海而皆准的普遍真理。

越王勾践卧薪尝胆画像

这个说法把付出和回报的关系关联得一清二楚，只有"投入"而没有"产出"的事情，岂不是亏本生意？《天方夜谭》中经常提到的苦行僧，实行自我节制、自我磨练、拒绝物质和肉体的引诱，好像是只"付出"，不求"回报"的一类。其实出家人修的是"来世"，目光比较长远，不像我辈俗人这般"急吼吼"。

有一首歌曲《步步高》，内有两句歌词："世间自有公道，付出总有回报"，一副"天道酬勤"的代言人的样子。其实，这首歌实在害人不浅，没有参透"付出总有回报"的彩民和股民们，前赴后继地倾家荡产。回报确实是有的，很少是你希望的东西，多是"教训"和"成功之母"，所谓"吃一堑，长一智"。至于"成功"什么时候生下来，那是另一码事。

古代著名的承受高手，在今日看来，近乎自虐狂。勾践躺在柴堆上，天天弄点猪苦胆尝尝，若苦胆不甚新鲜，中毒的概率也很高。苏秦头悬梁，锥刺股也很可疑，拿锥子把大腿扎得鲜血淋漓，抛开得"破伤风"的危险，和生理极限较量，醒过来继续干

❀❀民间用「光看贼吃肉，没见贼挨打」来彰显这是一个黑白两道通吃，放之四海而皆准的普遍真理。

纵横家苏秦画像

的效果也有限得很。所以，传说中的"刻苦"，不是皮糙肉厚、抗毒性强的兄弟们慎仿之。

把话再说回来，即使到了"吃肉"、"富贵"、"人上人"的地步，也未必就是享受。享受是还要进行再加工的，得个中三昧，是个"情"、"趣"丰富的活。从本质上说，享受是超越基本需求后的深层次满足，是消除紧张后的高度松弛。

我比较欣赏的论点是，一个人的修养表现为：可以享受最好和承受最差的。就像亦舒笔下的剑桥物理学教授汉斯，可以身无分文地在印度街头流浪乞食，因为有生存的勇气而自豪，也可以在最昂贵的地方从容地进行消费，承受和享受之间的跨度可以成就一个人的阅历。

古罗马哲学家塞涅卡说过："没有谁比从未遇到过不幸的人更加不幸，因为他从未有机会检验自己的能力。"也许受了这句话的启发，社会上兴起了很多"极限训练"、"吃苦夏令营"，望子成龙的父母们也趋之若鹜地希望儿女们能够历经磨难，终成正果，"假唐僧"肥了"真妖怪"的腰包。

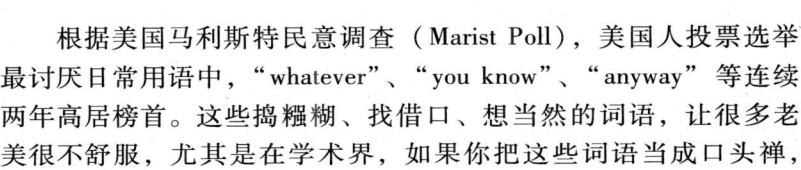

想当然与摆事实

❖❖朱元璋发现很多空白纸上盖着『官印』，顿时盛怒。这种行为完全违背了 ISO 9000，属于『欺罔』，于是近千名主印官员掉了脑袋。

　　根据美国马利斯特民意调查（Marist Poll），美国人投票选举最讨厌日常用语中，"whatever"、"you know"、"anyway"等连续两年高居榜首。这些捣糨糊、找借口、想当然的词语，让很多老美很不舒服，尤其是在学术界，如果你把这些词语当成口头禅，别人会以为你是政界或者商界转型过来的。

　　中国传统文化的骨子里有一种对模糊的喜爱。官当大了，就搞一幅郑板桥的"难得糊涂"挂在书房里，一副看穿看透的样子，经常用"可能"、"也许"、"大概"、"差不多"等定性的词语，来表示深谋远虑、留有余地其实是明哲保身。

　　追求明确和定量，一直是我们民族的弱项，以至于"马马虎虎"成为老外眼中中国人的代名词。在这种"马马虎虎"的环境中，所谓的"创新"、"超越"、"诺贝尔奖"等理想会长久地理想下去。

　　大学士苏东坡为人落拓不羁，加上才思敏捷，经常犯很多"聪明人"常犯的错误——不假思索，也就是容易轻率地决策。冯梦龙在《警世通言》里以他为主角编了一个很有趣的故事。

　　苏东坡去拜访当朝宰相王安石，恰好老王出去了。小苏就在书房等候，东张张、西望望，看到老王一首才写了开头的咏菊诗："西风昨夜过园林，吹落黄花满地金。"小苏平时就恃才傲物，看到这两句诗后，心想菊花最能耐寒耐久，从来只有干枯在枝头，哪见过落得满地皆是呢？于是提笔来续道："秋花不比春花落，说与诗人仔细吟。"老王回来看到这两句诗，也不声张，翌日上奏朝廷，把小苏安排到湖北黄州担任团练副使，相当于当地公安局副局长。

　　小苏被贬后心里不服，怨恨王二愣子公报私仇，却也无可奈何。翌年九九重阳，秋风刮了多日。风一停，苏副局长便到后园赏菊，只见菊花纷纷落瓣，满地铺金，枝上却连半朵花也没有，顿时目瞪口

呆，醒悟到自己想当然犯下的错误。"想当然"的成本可谓高昂。

明代洪武年间，各省每年都要派人到户部报告地方财政收支，所有账目必须由户部审核后完全相符，才可结束此项工作，但凡数字有一点儿对不上，就得回去重新填造，重新盖上原衙门的印章才算有效。但因路途遥远，来回一趟实在太麻烦了，各省都带有事先预备好的盖过印信的空白文册，

文学家苏东坡画像

以备不时之需，这是一种习惯性做法，在今天，这种行为也许可以变通解释为"授权"。

大家都知道这种做法，除皇帝朱元璋以外。当老朱发现很多空白纸上盖着"官印"，顿时"盛怒"。他认为，官印应该在有了事实定论以后，再盖上去以示决策完成，这种行为完全违背了ISO 9000，属于"欺罔"。这次"内审"的结果是，近千名主印官员（掌印把子的人）掉了脑袋，名臣方孝孺的老爸也在其中。这就是明初有名的"空印案"。

西方人忠于的处事原则之一是基于事实的决策方法，指的是有效决策是建立在数据和信息分析的基础上。这也许和他们所追求的"科学精神"一脉相承。

巴赫与韩德尔

从前，赚钱从某种角度可以划分成3种：不得不受雇于人，自己雇用自己，雇用别人。芸芸众生中的无产阶级，绝大部分都是第一种。第三种人，一般称为资产阶级。介于两者之间，则是中产阶级，如明星、作家、职业经理人，有选择的自由，自己做自己的老板，也就是selfemployee。时代进步后，人人都是职场人士，个个都在自我发展，可如何使自己名利双收，却实在是个技术活。

作曲家巴赫画像

巴赫和韩德尔是巴罗克音乐时期的两座高峰，他们两人的成就同被世人所敬仰。两人在生前均热衷于追名逐利，但是其命运却大相径庭。韩德尔生前功成名就，尽享荣华。而巴赫在生前只能说是小有名气，温饱小康而已，死后几十年默默无闻，要不是门德尔松的大力发掘，也许就要永远湮没。

仔细分析两个人的经历，除了同一年在德国出生，都在黑暗中离开人世，两个人的性格、习惯，竟如太极一般黑白分明。性格决定习惯，习惯决定命运，旨哉斯言。

人们对巴赫的习惯性印象是我行我素，不媚权贵，并对韩德尔的上层路线颇有微词。这实在是后世巴赫的粉丝们为他脸上涂抹的金粉，实际上，巴老爷子生前是个不折不扣的财迷，一生追逐金钱，斤斤计较，是个跳槽大王，只是不得其法而已，个人职业生涯发展应该是不太符合其目标的。至于身后万人敬仰的辉煌，那是门德尔松扬名结社的工具，不是他计划中的。

巴赫的发展定位有点问题，在音乐人才济济的德国谋求发展，这就好比今天想在中国用打乒乓出人头地一样，不是一般地有难度。那个时候德国实际上处于四分五裂状态，国力不强，德国农民们的地位

❖❖巴赫死在寻找伯乐的崎岖山路上，死后连块永久性墓碑都没落下。韩德尔去世后，下葬于西敏寺教堂，和牛顿、莎士比亚作了邻居。

自然就很低，除了传宗接代只好上上教堂，搞搞宗教。而音乐是传达宗教教义的最佳工具之一，教会也大力推广，所以德国是音乐的沃土。巴赫家族自家就盛产音乐家，要在家族内出线，内耗火并就是不小的初始成本，童年的巴赫为了突破家族的知识封锁，就为日后的失明埋下了隐患。

韩德尔颇有自知之明，老爹是理发师兼外科医生，家族没有音乐因子，还是走海外兵团的路线，渡过海峡去英伦发展。英国人那个时期正在忙于资产阶级革命和航海贸易，大力发展科学技术，享受着莎士比亚和牛顿，孕育着瓦特和斯密，忙得不亦乐乎，实在无暇再培养几个本土音乐家了，只好搞人才引进，老韩正好前去填补空白。就像今天国手去欧美打乒乓一样，要拿张奥运入场券，在地利上已然先胜一筹。

巴赫一生结过两次婚，生了 20 个孩子（夭折了 11 个），要过上体面的生活，家庭开销巨大，养妻活儿成本巨高。幸亏他无比勤奋，但他的打工收入估计也只能应付马斯洛需求金字塔的底层部分了。

作曲家韩德尔画像

韩德尔至死都是个钻石王老五——终生未娶。老韩一人吃饱，全家不饿，何况早年还发过几笔大财，挑选起职业来，优哉游哉，忽悠起东家来，不计后果。网上流传东三省的计划生育口号是："想不穷，少生孩子养狗熊"，也许有一定道理。

巴赫的致命缺点是不怎么尊重领导，真是脑子短路了，以他的经济状况，得罪谁也不要和给你发薪水的人过意不去，明显不懂基本原则。为了一丁点小事，他会和领导发生冲突，甚至超假不归，还不以为然。领导一不爽，后果很严重，上升空间就很有限。虽然巴老爷子在本专业同僚中小有名气，但有生之年始终未能大红大紫，估计和领导对他不冷不热有关系。

相比起来，韩德尔则是一个危机处理高手，年轻人谁不犯点错误，问题是知错能改。当年老韩也走过一回眼，担任汉诺威侯爵宫廷乐长的时候，眼热英镑，请了一年假去英国炒更，后来干脆毁约跳槽了。没想到，汉诺威侯爵竟然来英国当国王了，韩德尔没有惊慌失措，而是写了一首《皇家焰火音乐》来欢迎老主人，新国王乔治一世龙颜大悦，不但宽恕了他，还宠爱有加，年薪翻番。能够把危机变成机遇的才是真正的高手！据说美国总统的高级顾问每次危机来临都会奉劝总统："这次危机是使你成为伟大总统的千载难逢的机会，千万别错过！"

巴赫谱写曲子，只按照自己的设想，至于你能否演奏得出，那不关他的事，演得出就演，演不出拉倒。以至于几百年后，中国学钢琴的小孩们，也公推巴赫为最讨厌的作曲家。

老韩处理这类事情就高明得多，当乐师抱怨曲调过高时，他会拿过乐师的小提琴，亲自进行示范，但以后的作曲中，他会小心翼翼地避开那些高音部位，不以高难度的演奏技巧苛求演奏者。在团队建设和员工满意度方面，巴老爷子又输一招。

老韩的情商和财商明显比巴老爷子高得不是一点点的，他好像明白顾客满意是硬道理一样，英国人喜欢意大利式轻歌剧这种文娱活动，韩德尔专程在那不勒斯、罗马、佛罗伦萨和威尼斯学习了3年，亚当·斯密的"看不见的手"的理论，受了他的启发也未可知。而巴老爷子的《马太受难曲》和《约翰受难曲》，群众不理解，领导不喜欢，领导们还抱怨他"创作自由，改变了音乐的风格"，这是我们后人的幸运，但对于巴老爷子来说，则真是"受难"。

可怜的巴老爷子，从来就没有获得全国性的声誉，死在寻找伯乐的崎岖山路上，死后连块永久性墓碑都没落下，还不到20年，就被人忘得一干二净。要不是他的儿子和几位铁杆哥们儿把他的烟火延续到门德尔松手里，他就要成为一颗流星了，他的遭遇，酷似伦勃朗和曹雪芹。

虽然后人老是拿巴赫与韩德尔PK，其实他们生前根本不在一个层次上。韩德尔甚至都不愿与巴赫谋面。荣华富贵的韩德尔，大概除了"洞房花烛夜"（巴老爷子独享两次），人生乐事都尝遍了。他三次衣锦还乡，都受到德国人民的隆重欢迎。英国人把这个老外称为英国音乐家，他去世后，下葬于西敏寺教堂，和牛顿、莎翁做了邻居。

郑重声明一点，本人写这篇随笔，没有任何诋毁巴赫的意思，我一生喜爱巴赫，因为他的天才，所有缺点都可以原谅，有的缺点还凸显其可爱之处，颇具美学价值。我只是为他惋惜，毕竟不是每个天才都能享受到李白的待遇的。

而像韩德尔这种积极主动，操之在手的成功人士，若被史蒂芬·柯维用做案例，至少可提炼出七八个好习惯。我只想说明，远在300年前，复合型人才就是很吃香的。

❖ ❖ 巴赫死在寻找伯乐的崎岖山路上，死后连块永久性墓碑都没落下。韩德尔去世后，下葬于西敏寺教堂，和牛顿、莎士比亚作了邻居。

第三辑 历史篇

昨夜书中得故纸，
今朝随意写新诗。
长绢箧底终无恙，
比入怀中便足奇。

——清·王国维

结绳记事

※※ 南美的印加人结的绳结，就像我们平时所看到的还带着水的拖把一样，叫「奇谱」（khipu），一种奇特的谱，相当靠谱。

2007 年 9 月，扬州市举办了世界运河博览会，旨在保护好运河，利用好运河，把家园建设得更美好。参见这次活动的世界 13 条运河名城的市长们，认真细心地把标志着他们心愿的红色结，结在运河公园的记事墙上，记录着共同的誓言。这次"结绳记事"让整个活动愈发显得古意盎然。

上古时代，我们的祖先靠渔猎和采集为生，工具简陋，水平低下，处于为生存而奋斗的阶段。那时需要记忆或传给后世的事情也不多，仅仅靠心记和口耳相传，就能够满足实际需要了。被誉为"希腊圣经"的《荷马史诗》就是许多民间行吟歌手的集体口头创作，公元前 8 世纪后半期由古希腊最著名和最伟大的盲诗人荷马加工整理而成，到公元前 6 世纪才写成文字。

拉斯科洞窟岩画

随着经济的不断发展，物质越来越丰富。口耳相传已经满足不了越来越复杂的社会生活的需要。在长期的摸索和实践中，古人采用过各式各样的记事的方法。一种方式就是刻画，刻木、刻竹、刻树叶、刻岩、刻骨、刻陶片、刻贝壳等，五花八门。世界各地陆续发现的岩画，也许是现存人类最早的信息载体。旧石器时代最杰出的绘画作品发现于法国的拉斯科（Lascaux）洞窟和西班牙的阿尔塔米拉（Altamira）洞窟，表现内容皆以动物为主，手法写实而生动，令人不得不惊叹先人们对自然岩壁的巧妙利用和表达手法的粗犷简洁。

另一种用得最普遍的方法是实物记事，最有名的是"结绳记

事"。《说文解字·序》记载："神农氏结绳为治，而统其事。"《周易·系辞下传》中记载："上古结绳而治，后世圣人易之以书契。百官以治，万民以察。"汉朝郑玄的《周易注》中记载："古者无文字，结绳为约，事大，大结其绳，事小，小结其绳。"可见，"结绳记事"以"结"的大小、多少和松紧并涂上不同的颜色来表示不同的意义或事情。云南的独龙族、傈僳族、怒族、佤族、瑶族、纳西族、普米族、哈尼族和西藏的珞巴族等，在20世纪初，也仍用结绳方法记日子。傈僳族用结绳法记账目；哈尼族借债，用同样长的两根绳子打同样的结，各执其一作为凭证；宁蒗的纳西族、普米族常用打结的羊毛绳传达消息，召集群众。

许多文明都有过"结绳记事"的阶段。据说波斯王大流士给他的指挥官们一根打了60个结的绳子，并对他们说："爱奥尼亚的男子汉们，从你们看见我出征塞西亚人那天起，每天解开绳子上的一个结，到解完最后一个结那天，要是我不回来，就收拾你们的东西，自己开船回去。"

要记住一件事，就在绳子上打一个结。如果要记住两件事，就打两个结，以此类推。如果在绳子上打了很多结，恐怕想记的事情也就记不住了，所以这个办法看起来虽简单但好像不太"靠谱"。但对于南美的印加人，这是个例外，因为他们结的绳结，叫"奇谱"（khipu），一种奇特的谱，相当可靠。要是举行个结绳信息奥林匹克大赛，那他们肯定是足球中的巴西，篮球中的美国，乒乓球中的中国。

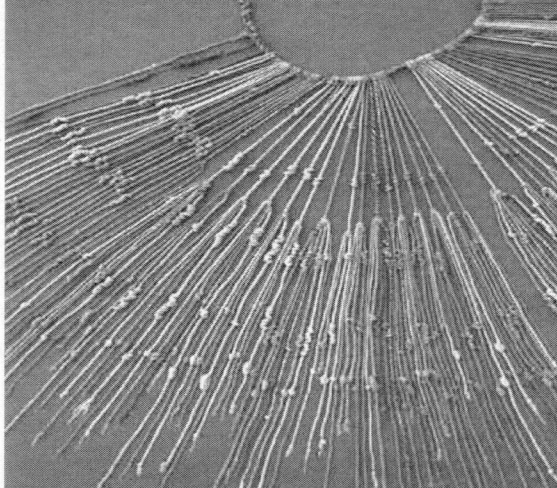

印加人的奇谱（khipu）

印加文明是一种较为成熟的文明形态，但他们没有自己的文字，所以把"结绳记事"使得出神入化，远比一般的"结绳记事"复杂。"奇谱"由一条主绳和系在上面的"垂带"组成。主绳通常直径为0.5~0.7厘米，上面系着很多细一些的"垂带"绳，一般都超过100条，有时甚至多达1 500条。这些"垂带"，有时还系着一些次一级的绳子，上面打着很多绳结。专家比喻说"就像我们平时所看到的还带着水的拖把一样"。

一开始，绳结被理解成计数工具，所以会计师和财务专家们都把它作为他们行业的起源而顶礼膜拜。后来，根据康奈尔大学的考古学家罗伯特·阿什尔的研究，有的"奇谱""显然不是用来计数的，可能是一种早期的记事形式"。美国"奇谱"研究专家康克林说："当我开始看这些奇谱的时候，我看到一个旋转的、皱褶的、有颜色的密码体系，每一条绳子的制作都十分复杂。我意识到90％的信息可能在绳结系出来之前已经放到绳子里了。"也许"奇谱"是一种独一无二的文字体系，一种三维立体的"文字"文件。

北美印第安人则采用"结珠记事"。"结珠"是用带颜色的贝壳磨成扁圆形的小珠串在一根绳子上，以颜色表示各种观念，倒也是南北呼应，异曲同工。

"结"在漫长的演变过程中，被多愁善感的人们赋予了各种情感愿望。在"绣带合欢结，锦衣连理文"等诗文中，结饰已被民间公认为是表达情感的定情之物。在古典文学中，"结"一直象征着青年男女的缠绵情思。南齐时，钱塘名妓苏小小诗作"妾乘油壁车，郎跨青骢马。何处结同心，西陵松柏下"，朴朴素素地道尽了青年恋人约会的无限风光。

宋代词人张先写过"心似双丝网，中有千千结"。琼瑶用做言情小说名，《心有千千结》风靡海峡两岸，赚得盆满钵满，也是利用了国人的这种"情结"和"心结"。

清新温婉的蒙古族女诗人席慕蓉干脆写了一首题为《结绳记事》的诗："有些心情，一如那远古的初民／绳结一个又一个的好好系起／这样就可以／独自在暗夜的洞穴里／反复触摸回溯／那些对我曾经非常重要的线索／落日之前才忽然发现／我与初民之间的相同／清晨时为你打上的那一个结／到了此刻仍然／温柔地横梗在／因为生活而逐渐粗糙了的心中。"

记得第一届世界智运会开幕式的第一章就是《结绳·记事》，构筑了一幅"文明有源、智慧无界"的绚丽画卷。

❀❀ 南美的印加人结的绳结，就像我们平时所看到的还带着水的拖把一样，叫『奇谱』（khipu）"，一种奇特的谱，相当靠谱。

埃及蒲纸

多年前去埃及旅游的时候，当地的导游穆斯塔法，一个埃及文化大学中文系的讲师，一本正经地对我说："中国人都说纸张是你们的四大发明之一，其实埃及人发明纸张比你们早 3000 多年。"这话有点像挑战，我不愿争辩。其实，这两种纸在人类文明发展史上各有千秋。

大约在公元前 3000 年，埃及中王国时期，尼罗河及幼发拉底河流域的沼泽、浅水湖中，盛产着一种叫纸莎草的多年生常绿草本植物，遥想当年盛景，可能像今天的白洋淀一般。古埃及人对纸莎草十分崇拜，把它当做北方王国的标志，现在发现的埃及浮雕中，就可以找到它的踪迹。纸莎草浑身都是宝，花可以做装饰，嫩枝可以当做食物，根可以制作碗等器具，有时也当做燃料，甚至用它来造船（苇舟），航行在尼罗河上。但它最伟大的功用，则是众所周知的造纸，造出的纸在英语中写作 papyrus，是希腊语 παπυρος（papuros）的拉丁文转写，这也是英文中"纸（paper）"一词的来源。现在一般译成"莎草纸"。

纸莎草造莎草纸，读起来十分绕口，就像"奶牛产牛奶，油菜榨菜油"一样，几乎变成回文了。我最喜爱的译名是"蒲纸"，不但发音接近，意义包含，还兼顾这种纸张的制作工艺，一举三得，比"可口可乐（Coke-Cola）"、"俱乐部（Club）"的翻译还略胜一筹，可惜使用得很少，大惑不解。

纸莎草的生活习性和芦苇大概是堂兄弟，不过细部区别还是很大，茎横切面为实心的三角形，不像芦苇是空心的圆形。将草茎去皮，纵切成细长片，再像编竹席或蒲包似地将之交替排成互相垂直的两层，最后将两层压成一片，干了以后，再以石块或其他工具磨平其白色的表面，就变成纸了，所以我说"蒲纸"的翻译十分传神，就是"像编蒲包那样编出的纸"，意贯中西。这种工艺，后来竟然失传

※※纸莎草造莎草纸，读起来十分绕口，不如『蒲纸』的翻译十分传神，就是『像编蒲包那样编出的纸』，意贯中西。

了，直到 1962 年才由埃及人哈桑拉贾（HassanRagab）重新发明，顺便提一句，这位仁兄是埃及首任驻华大使。我一直纳闷，这种工艺也不复杂呀，要是搁在中国，看看原料和实物，念叨一下"蒲纸"的名字，很显然地就能捣鼓出来，也许哈大使是睡了中国的凉席触发的灵感，才建立了恢复埃及国粹的不世伟业。

其实，纸莎草的堂兄弟芦苇也不必自卑，虽然在中国乡下，芦苇通常与蒲草为伍，被编成芦席、蒲席之类，但它还是上好的造纸材料。由于质地细腻，芦苇是制造宣纸的重要材料，但不是用编织法，而是化浆，属于"凤凰涅槃，浴火重生"一类，当然造出来的是中国宣纸，其品质远胜于穆兄向我叫板的埃及蒲纸。

为了更快、更流利地进行书写，古埃及人发明了"灯芯草笔"，把灯芯草茎的底部压散碎至毛状，上部的蜂室结构可储存足够写完一行文字的墨水。书写采用的墨是用黑烟灰或红色氧化铁和树脂水混合而成，分红、黑两种颜色，也算是"丹青"了。砚台并不普遍，采用上等石料，呈长方形或椭圆形，使用时用木棍或石条研墨。蒲纸、灯芯草笔、墨水和砚台是古埃及人的文房四宝。

在埃及新王国以前，蒲纸的质量差异很大，厚度和表面的光滑度也各有不同。新王国时代，工艺改良后的蒲纸通常很薄，且呈半透明色。由于只使用纸的一面，在书写的一面要进行施胶处

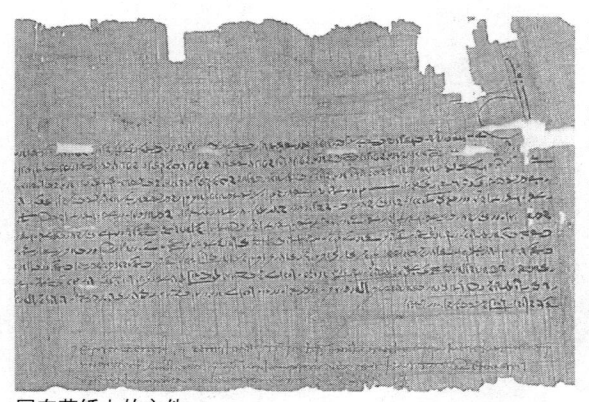
写在蒲纸上的文件

理，使墨水在书写时不会渗开。

据说，埃及的法老拥有蒲纸贸易的垄断权，类似今日的专卖。法老将这种特产出口到古希腊等古代地中海文明的地区，甚至遥远的欧洲内陆和西亚地区，换得巨额外汇，赚取不菲利润。蒲纸在当时人们的心目中，是相当贵重的物品，以致成为公关中相当有力的武器。史籍中多次记载，奉上几百卷蒲纸，对方"见纸眼开"，成功搞定。

蒲纸最致命的弱点就是"喜干怕湿"，所以在埃及的干燥气候下可以很好地保存。但是在潮湿的环境中，像欧洲的罗马特别是高卢地区，为了保存纸莎草纸文献，人们不得不反复抄写。罗马皇帝泰西德斯为了妥善保管好历史著作，曾命令官方抄写员每年抄写 10 个副本，然后送到图书馆收藏，可谓不计成本。

蒲纸质地薄脆易碎，稍微折叠就会破损。如果陆路转运的长途颠簸，破损率难以承受，所以一般通过水路运输，也是因为这个特点，古埃及人最初是将纸卷成卷轴使用的。

蒲纸是人类历史上最早的、应用时间最长的纸质传播媒介，从公元前三千多年一直到 11 世纪，古埃及、古希腊、古罗马的绝大部分知识都是书写在蒲纸上的。西罗马帝国灭亡后，羊皮纸逐渐取代蒲纸，成为欧洲最基本的书写材料，只有教会还在使用，并认为是一种身份的象征。11 世纪时，教皇本尼迪克特三世还用蒲纸来书写诏书，但那不过是发思古之幽情，显示尊贵而已。

现代人把读大部头书戏称为"搬砖头",媒体也呵护小学生,"每天背着砖头上学",呼吁要"减负"。事实上,在六千多年前的两河流域,读书写字就是名符其实的"搬砖头"。

公元前 4000 年左右,在今天伊拉克的境内,流淌着两条大河,底格里斯河与幼发拉底河,两条河之间的美索不达米亚平原孕育了人类最古老的文明之一——苏美尔(Sumer)文明。苏美尔文明起源于农业生产技术的突飞猛进,那些个子不高、有着大眼睛和喜欢蓄大胡子的苏美尔人修建了复杂的灌溉网,用管状播种机播种,用打谷机给谷物脱粒,农作物产量非常高,一个人的收获可以养活几百个人。解决生存需求后,人们就转而寻求精神层面上的东西,文明就应运而生了。

古代美索不达米亚的文明实质上是城市文明和商业文明,到公元前 3000 年时,苏美尔地区已出现了 12 个城邦国家,商业活动繁忙异常,商业活动的副产品是需要计算和记账。苏美尔人发明了一种书写体系,用芦苇杆的分支压在湿软的泥块上,这种文字符号每一笔画的开始部分都较粗,末尾部分都较细,像木楔一样,因而被称为"楔形文字(cuneiform)"。初次看到这些文字,一般人都会误以为是许许多多只麻雀留下的一片片脚印。

两河流域缺少木材和石块,但是盛产一种质地柔软的黏土,所以制陶业相当发达。他们制做的陶器主要是彩陶,酒杯、油缸、炉子、灯盏等常用的生活用具。当地人不但用黏土制砖盖房,还用它做成镰刀用来割麦,甚至人死后用的棺材也用陶土烧制。如果当地盛产茶叶,说不定能造出紫砂壶来。把泥版当做记录载体,也是顺理成章的事。而底格里斯河和幼发拉底河两岸青翠的苇荡,也成了大自然

苏美尔人的泥板书

※※烧结的泥版最大的特点是不怕潮、不怕火、不怕蠹,百毒不侵。战火摧毁了两河流域的文明,惟有泥版书历经劫难,流传下来了。

赋予的取之不竭的书写工具。

现在对泥版的翻译五花八门，"泥板"、"泥版"、"泥牍"、"泥简"、"黏土板"，倒也象形会意，而最早的泥版是肝脏形的。那个时候，祭神和占卜是头等大事，祭司或巫师通过烘烤山羊的肝脏，从肝脏上现出的纹理来探求神的旨意，并记载在肝脏形的泥版上，不过这不是典型的书籍。

各类泥版的大小不一，一般宽约 8 厘米，长 10 厘米左右，同一系列每块规格都相同。泥最大的一般不超过 50 厘米见方，比打开的笔记本电脑略大，重量大约 1 千克，也和笔记本电脑相仿，不过容量可就天差地别了。书写时，先用细绳在潮湿的泥版上面压上格子，用指甲、芦苇、树枝、金属、石器等尖硬之物均可书写。若没写完或文字尚需增删，只要用湿布将泥版包起来，保持湿润随时可以修改。需要保存甚至长期保存的泥版，在阳光下晒干，就可以成为坚硬的泥版书。这有点像土坯，没有烧结还是生土，泡在水里就可化开。"来自尘土，归于尘土"（dust to dust），几千年后的《圣经》好像在给它做注解。这种"可逆可再生"材料在今天看来也是非常"绿色"和"可持续"的。

为了能永久保存，有的泥版经过了焙烧，就成为烧结的泥版书。许多泥版书存放在特制的陶瓷书箱中，并在书箱上挂一块形制较小的泥版，在上面写明书的类别和日期。烧结的泥版最大的特点是不怕潮、不怕火、不怕蠹，百毒不侵，类似纸张那种害怕鼠吃虫咬的娇气毛病一概没有。虽然烧制成本略高，但保存于档案馆和图书馆的文献，享受这种"烈火中永生"的待遇，还是够格的。战火摧毁了两河流域的文明，惟有泥版书历经劫难，流传下来了。

苏美尔人还使用独特的书写技巧来减少不断刻写手工劳动的工作量：一是泥土印章，另一项重大的发明是圆筒印章，他们把文字刻在圆柱上，然后圆柱在湿润的

亚述巴尼拔图书馆的书架

泥版上滚动，将圆柱上的字印到泥版上，有点像今天的印刷。

　　根据考古学的成果，已知世界上最早的图书馆就在美索不达米亚平原。亚述人于公元前7世纪在首都尼尼微（Nineveh）修建的亚述巴尼拔（Ashurbanipal）图书馆，是现今已发掘的古文明遗址中，保存最完整、规模最宏大、书籍最齐全的图书馆。藏书门类齐全，包括哲学、数学、语言学、医学、文学以及占星学等各类著作，几乎囊括了当时的全部学识。目前这批泥版中的二万零七百二十片保存在大英博物馆。泥版上记录的大量谚语、神话和史诗，有的反映了当时的社会矛盾和风气。比如："妻子是丈夫的未来，儿子是父亲的靠山，儿媳是公公的克星。"有的是生活经验的总结："鞋子是人们的眼睛，行路增长人的见识"等等。

　　上世纪30年代，法国考古学家在两河流域上游的名城马里发掘出了一所房舍，被认为是现今发掘的世界上最早的学校，后人称之为"泥版书屋"。书屋中有大教室、小教室，还有泥版文书的储存地。在组织和管理上，泥版书屋已经具有现代学校的雏形了，校长因其学识渊博而被称颂为"你是我敬仰的神"，负责给学生准备泥版、检查作业的助教称"大师兄"。学生要完成学业，读过的泥版要以吨计，用"著作等身""学富五车"在那儿夸人，就显得标准太低了。学校管理制度也是赏罚分明，表现好的给予表扬，对违规的学生，一般是用鞭子抽打或用铜链锁住双脚关禁闭。

　　起源于西亚的泥版书，用途非常广泛，商人们用来记账签约，学生们用它练习书法、演算作业，政府则用它发布政令、军令，学者就用它著书立说了。当时西亚各国的往来书信或签订条约，也都使用泥版书，楔形文字几乎成为当时国际外交上所通用的文字，今天的土耳其、叙利亚、埃及、希腊等地中海沿岸的广大地区也都用这种载体作为书写的材料。在希腊克里特岛的宫殿废墟内也发现了一些泥版的残片。

　　其后的4000年中，楔形文字被海蒂斯人、巴比伦人、赫梯人以及亚述人所采纳，在中东传播的过程中构成了许多语言的基础。腓尼基人在楔形文字的基础上，创造了腓尼基字母文字。它更简单，易于掌握，很快为人们所接受。到公元前后，楔形文字最终被人们所遗忘。泥版书的制作和使用一直延续到公元1世纪，后被羊皮纸所代替。

　　❀❀烧结的泥版最大的特点是不怕潮、不怕火、不怕蠹，百毒不侵。战火摧毁了两河流域的文明，惟有泥版书历经劫难，流传下来了。

龟甲兽骨

14世纪以来的欧洲，有一些令人不可思议的迷信，例如人们坚信木乃伊碾磨成粉入药，可以包治百病。莎翁在《麦克白》中也写道，巫婆用木乃伊来酿酒。英王查尔斯二世喜欢收集木乃伊上落下的灰尘，将这些灰尘敷涂在自己的皮肤上，认为这种擦拭物能够给自己带来不可思议的伟大力量。上有所好，下必甚焉，欧洲陷入了对木乃伊的狂热。市场的急剧需求让古埃及的木乃伊遭了殃，形形色色的盗墓者和奸商大行其道。他们相信"缺啥补啥"，古埃及法老王图坦卡蒙（Tutankhamen）的木乃伊也遭遇不测，被盗走关键部位，据说制成了壮阳药。

无独有偶，在中国的中药中，有一味药叫龙骨。龙骨其实是古代脊椎动物骨头的化石，据云是治疗虚弱和破伤的良药。药店里专门收购龙骨，而龙骨出产在河南省安阳市西北郊的小屯村。这里原是商朝的国都，有过很多很多用于占卜的龟甲和兽骨，埋在地里已经有3000多年了。从样子上看还真的跟化石差不多。于是就有人把它挖出来当成龙骨卖给药店。药店经过鉴定，也真有龙骨的药效，也就收购了，不过上面有刻痕的不收。药工也有对策，它们把采来的龙骨上面的刻痕削去，再卖给药店。

直到1899年，有一个叫王懿荣的金石学家发现甲骨刻辞。当时王懿荣的身份是国子监祭酒（《红楼梦》中李纨的父亲就当过这个官），相当于今天的国家大学校长兼国家图书馆馆长，副部级官员，在京师学界颇有口碑。这年秋天，王懿荣得了疟疾病，一位老中医给他开了一帖药方，其中一味药就是龙骨。抓来的药中，有几片龙骨上有刻痕，凭着对古文字的丰富的学识，他断定这是一种我国古代文字，跟现在使用的汉字有渊源关系。王懿荣经过仔细研究，令人信服地作出进一步的断定，这是商代专门用做占卜用的甲骨，上面的文字是我国最古老的文字。

商朝的科学水平比较低，要进行重大决策，以他们的推理水平，是不可能的，所以除了搞搞迷信活动，别无他法。天会不会下雨，收成如何，打仗能不能胜利，能否起屋造船等，往往"以卜决疑"，以了解鬼神的意志和事情的吉凶。今天遗留下来的翻黄历、看风水可能和商代的这些习俗一脉相承。

刻有文字的龟壳

任何一种文明的起源和形成都有赖于地理环境的供给，根据地理学家的考证，商代的中国，湖泊、河流众多（大禹治水的遗迹，今日已经沙漠化了），爬行动物众多，乌龟壳那是大大地多。另外，商代的畜牧业特别发达，据记载，商人用牛祭祖先时，所用牛数之多，达到了"骇人听闻"的地步。如此丰富的龟甲兽骨资源，成了人们首选的占卜和书写材料。

占卜所用的主要材料是乌龟的腹甲、背甲和牛的肩胛骨。通常先在准备用来占卜的甲骨的背面挖出或钻出一些小坑，然后烘烤小坑使甲骨表面产生裂痕。巫师从事占卜的人（巫师等）就根据裂缝的各种形状来判断吉凶。占卜后，用刀子把占卜的内容和结果刻在卜兆的近处，叫作卜辞。刻有卜辞的甲骨被当做档案资料妥善收藏在窖穴中，遂得以流传于后世。

从殷墟发掘出来的遗物中，有龟甲和兽骨 10 多万片，甲骨上记录的多是与占卜有关的事宜，记录内容非常丰富，包括渔捞、征伐、农业诸多事情，尤其是祭礼活动，门类繁多。商代的农业已初具规模，在甲骨上从开荒、翻耕、播种、到田间管理与收获均有系统而详尽的记录。它同时也记录其他一些社会活动，诸如政治、经济、自然、交通等内容。

虽然刻画甲骨文比较累人，但是甲骨耐腐蚀，比起树叶竹片，在"耐久性"方面强得不是一点半点，对于追求"不朽"的帝王贵族而言，确是上佳之选。

甲骨文被发现之后，引起学术界的轰动。自 1908 年起，学者罗振玉先后共搜集到近 2 万片甲骨，于 1913 年精选出 2000 多片编成《殷墟书契》（前编）出版，为甲骨文的研究奠定了基础。继罗振玉之后，许多著名的学者，如王国维、郭沫若、董作宾等都进行了卓有成效的考释和研究，形成了一门专门的学问——甲骨学。罗振玉、王

※※商代的中国，湖泊、河流众多，爬行动物、水牛众多，丰富的龟甲兽骨资源，成了人们首选的占卜和书写材料。

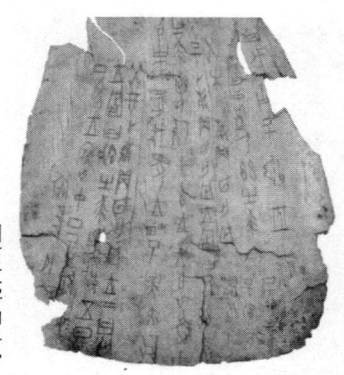

刻有文字的兽骨

国维、郭沫若、董作宾并称为"甲骨四堂",被誉为甲骨学研究的一代宗师。

从字体的数量和结构方式来看,甲骨文已经是发展到了有较严密系统的文字了。和我们现在使用的文字相比,甲骨文原始图画文字的痕迹还是比较明显,在外形上有巨大的区别。但是从构字方法来看,二者基本上是一致的,汉字的"六书"原则,在甲骨文中都有所体现。

Oracle 公司是全球最大的信息管理软件及服务供应商,他们把自己的中文商标注册为"甲骨文",其 CEO 埃利森解释说:"可以追溯到商朝的'甲骨文',是中国最早的书面文字,而 Oracle 认为,它的字面意思是数据和信息的记录。我们创建了领先的跨企业信息存储系统。"

某年的全国高考,一位考生用甲骨文写作文,阅卷教师不得不找古文字专家释读,搞得精疲力竭后,打了个超低的分数,也算是一段趣话。

竹木简牍

商代的时候，龟甲兽骨是最通用的文字载体。但是，这些动物性材料再多，也经不起人们的大规模使用，很有点像今天的"石油"和"红木"，被列入"不可再生资源"的名单。所以在商朝，掌握文字的仍只有上层社会的百余人，极大地限制了文化和思想的传播。

于是人们便开始寻找替代性产品，人们曾一度在比较宽阔的树叶上写字。树叶虽然比较轻便，但耐久性太差，还是各类牲口、虫子们普遍喜爱的食品，所以只能作为一次性用品，很难传诸后世，一般用于排遣心怀。据说唐代诗人卢渥到御沟边散步，无意间看见水上漂来一片红叶，上面题有一首五言绝句："水流何太急，深宫尽日闲。殷勤谢红叶，好去到人间。"多年后，发现竟是他太太所作，这就是著名的"红叶题诗"的故事。唐朝的怀素年轻时由于家贫，练习书法的纸也没有，所以种了多株芭蕉，并用芭蕉叶来练习书法，终成一代狂草名家，与张旭齐名，人称"颠张醉素"。

然后中国人开始打起木材和竹子的主意来。从西周开始，人们把竹子削制成狭长竹片，用毛笔在上面写字，一般每片写一列文字，称为"竹简"。简的长度各有不同，写诏书律令的长三尺（约

居延汉简

※※动物性材料再多，也经不起人们的大规模使用。随着甲骨的来源开始枯竭，中国人开始打起木材和竹子的主意来。

67.5cm），抄写经书的长二尺四寸（约56cm），民间写书信的长一尺（约23cm）。树木因为比较粗壮，破开的木片又比较宽，一块可以写多列文字，称为"木牍"。东汉王充在《论衡》中记载："竹生于山，木长于林，截竹为简，破以为牒，加笔墨之迹，乃成文字"，"断木为椠，析之为板，力加刮削，乃成奏牍"，所记即为此物。

青皮竹简表面是油质，在上面刻字不太方便，于是古人就把竹简放在火上烤，使竹片干燥，竹片里的水分渗出来就像出汗一样，所以这道工序就叫作"汗青"。"汗青"又叫"杀青"，《太平御览》卷六（刘向《别录》）记载："杀青者，直治竹作简书之耳。新竹有汁，善朽蠹。凡作简者，皆於火上炙乾之。"李贤注《后汉书·吴佑传》曰："杀青者，以火炙简令汗，取其青易书，复不蠹，谓之杀青，亦谓汗简。"慢慢地，"汗青"演变为竹简代称，再进一步，人们又将其代称竹简所记载的"史册"了。文天祥的名句"人生自古谁无死，留取丹心照汗青。"就表明他宁可一死，也要流芳万世的决心。而"杀青"则泛称"缮成定本"或"校刻付印"。现在人们也常用"杀青"指一部电影拍摄完成。

贝叶经

竹简或木简用麻绳或丝线依次将竹简编连成册，卷成一卷。有的时候，也用牛皮绳连接。《史记·孔子世家》记载："读《易》，韦编三绝。曰：'假我数年，若是，我于《易》则彬彬矣。'"大意是，孔子晚年还坚持研究《易经》，他反复钻研该书，把该书的捆竹简的牛皮带都磨断了3次，即使这样，孔子还说："假如让我多活几年，我就可以完全掌握《易》的本质了。"

1930年，瑞典人贝格曼在居延地区发掘出汉简1万余枚，称为"居延汉简"。居延故址在今内蒙古自治区额济纳旗东南，王维《使至塞上》："单车欲问边，属国过居延。征蓬出汉塞，归雁入胡天。大漠孤烟直，长河落日圆。萧关逢候骑，都护在燕然。"写的就是这个地方。"居延汉简"就其质地而言，可分为竹、木牍两类，一般都称之为"简"。竹简比例甚微，不到1%，保存情况不好，不仅字迹多处模糊不清，而且大多为残简断简。根据出土的木简的木材鉴定，有松杉、白杨、水柳、红柳等。可能因为自然条件和环境有利于木简的保存，木简保存情况较好。

竹简是中国人的"专利"了。那其他国家有无类似的东西呢？在印度、缅甸、锡兰、马来群岛及热带非洲，盛产一种多罗树，属棕榈科乔木，树叶呈扇状，叶面平滑坚实，可书写经文。人称"贝叶"或"贝多罗叶"。《大唐西域记》卷十一："城北不远有多罗树林，周三十余里，其叶长广，其色光润，诸国书写莫不采用。"人们从多罗树上砍下页片，用刀将贝叶一片一片修割整齐，三至五片卷成一卷捆好，放入锅中煮。煮时要加酸角或柠檬，使贝叶表面上的皮脱落。直到贝叶变成淡绿白色，拿到河边用细沙子搓洗干净，然后将贝叶压平晒干，收起来让它通一段时间的风后，就可以书写了。

在东南亚各国和我国西双版纳地区，人们用铁笔在贝叶上刻写佛教经文，称为"贝叶经"。贝叶经本做工精细，规格统一，经本四边都涂上一层彩漆，抹上金粉，因而给人一种精湛、古朴、大方、美观之感。因是刻写在贝叶上，并涂以颜料，不但字迹清晰，而且擦不掉、抹不去。由于贝叶经过水煮等工艺特殊处理，可以防虫、防水、防变形，经久耐用，可以保存几百年上千年之久。

❈❈动物性材料再多，也经不起人们的大规模使用。随着甲骨的来源开始枯竭，中国人开始打起木材和竹子的主意来。

羊皮纸

羊皮纸、鹅毛笔、墨水被称为欧洲的文房三宝。与苇管笔相比，手工切割的鹅毛笔以其细腻的笔触，成为书写西方书法的首选工具。鹅毛笔和羊皮纸是人们对欧洲文明最深刻的印象和记忆之一。20世纪福克斯公司出品的电影《鹅毛笔》，讲述了一个疯狂而叛逆的故事。马克思书桌前的鹅毛笔和《资本论》，相信一般人都不会淡忘。西方人对记载在羊皮纸上智慧的崇拜与敬仰，比起中国人对四书五经的感情来，如出一辙，毫不逊色。羊皮纸的诞生起源于一个有趣的竞争故事。

古埃及最著名的图书馆，就是建于大约公元前300年的亚历山大图书馆（Bibliotheca Alexandrina）。据说当初建亚历山大图书馆惟一的目的就是"收集全世界的书"，实现"世界知识总汇"的梦想。让亚历山大图书馆永远成为世界上最伟大的图书馆，成为古埃及历代国王的基本国策。

公元前284年，小亚细亚的帕加马王国（Bergama）建立了，该国虽小但很富有，它也创建了一座规模宏伟的图书馆。到欧曼尼斯二世统治时期，他试图与亚历山大图书馆"别别苗头"，将藏书扩大到20万册，直逼亚历山大图书馆的70万册藏书，并企图将亚历山大图书馆馆长"挖"过来给他打工。

这下埃及人震怒了，"弹丸小国"竟不自量力，敢威胁亚历山大图书馆

羊皮纸制作工艺

羊皮纸文献

"老大"的位置。霸权主义的第一招一般都是经济封锁，于是严禁莎草纸（蒲纸）运往帕加马，看你的书本写在什么地方？欧曼尼斯二世有志气，硬是把"南泥湾"变成了"好江南"。他叫手下的科学家研发出用兽皮制作的纸，也就是著名的羊皮纸，羊皮纸的名称"Parchment"就是来自帕加马 Bergama，双双永垂不朽。

羊皮纸是用绵羊或山羊的皮除去毛和脂肪，经过鞣制加工而成的，整个加工过程耗时颇长，辛苦异常。Discovery 有个专题系列叫作《干尽苦差事》（DirtyJobs）是一个体验各种艰难、古怪且肮脏的职业的节目，其中有一档就是《制造羊皮纸》，虽然形容这是"苦差事"，实际上充满了对勇于接受这些平常人退避三舍的工作的工人们的尊敬。

事实上羊皮纸并不仅由小羊皮做成，有时也用小牛皮来做。最好的羊皮纸称作"犊皮纸 vellum"，用于抄写最重要的典籍。羊皮纸甫一问世，就被发现优点多多。粗糙的莎草纸表面不适宜书写小而精细的字体，而羊皮纸两面光滑都能书写，且书写方便，拿来摺成书本也没有问题，于是迅速传入欧洲。

羊皮纸最大的缺点就是昂贵，一张羊皮也就生产 4 张 A4 纸，抄写一部《圣经》就要用近 250 张羊皮，如果要将中世纪欧洲的科学论著全部抄写在羊皮纸上，那么就得将当时全欧洲的羊统统宰光。所以，羊皮纸书价格奇贵，一部羊皮纸《圣经》相当于一块葡萄园。15 世纪以前的欧洲，羊皮纸书是非常贵重的财产，一般的贵族和名流能收藏几本甚至一本羊皮纸书，就已经很难得了，大量收藏羊皮纸书的不是皇家就是教会。

羊皮纸供应有限，为节约起见，不怎么富裕的人们往往刮掉

※※ 羊皮纸最大的缺点就是昂贵。如果要将中世纪欧洲的科学论著全部抄写在羊皮纸上，那么就得将当时全欧洲的羊统统宰光。

羊皮纸上的文字，以便再在上面写字，特别是书信来往的时候。换位思考一下，让今天的人在皮夹克上写封信，大概也要踌躇半天。僧侣也经常将那些被视为异端邪说的文字擦掉，在上面重新书写基督教信仰的文献了，这种手稿被称为"重写稿"。有时候，最初的文字没有擦干净，古文献的研究者们便能够用化学试剂使它重现出来。通过这种方法，人们发现了许多重要的古代文献，如果没有这种重写稿的话，这些文献就可能永远消失了。

古罗马建筑师维特鲁威的《建筑十书》是西方古代保留至今惟一最完整的古典建筑典籍，是以向罗马皇帝奥古斯都上书的形式用拉丁文写成的，可惜原文不久就遗失了，只流传下来抄本。1414 年，在瑞士的修道院中，发现"重写稿"下面的"原稿"，给这本书增添了传奇色彩，为文艺复兴时期的建筑师提供了知识养料和思想启迪。几年前，我曾徜徉在希腊 Meteora 的中世纪修道院中，细细地瞻仰微微泛着油光的羊皮纸《圣经》时，思古之幽情油然而生。

1215 年 6 月 15 日，英国国王约翰与 25 位贵族代表，在一张黑粗的羊皮纸上，签署了具有历史意义的《大宪章》。如今，在大英图书馆的珍品展厅里，这张泛黄的羊皮纸静静地躺在玻璃板下幽暗的光影里，虽然它的边缘已经残破，羽毛笔书写的字迹也早已模糊，却成为对君主权力进行限制的永久见证。

当价格低廉的中国纸在欧洲大量生产以后，羊皮纸很快就被取代了，但是在特殊情况下羊皮纸仍然使用。美国 1776 年的《独立宣言》，1789 年的《宪法》，1791 年的《权利法案》这奠定美国政治基础的三大历史文献就都是用羊皮纸书写的。1868 年，德国波恩大学医学院颁发给巴斯德的医学博士荣誉证书，也是羊皮纸的。

由于古希腊、罗马的大部分经典都记载在羊皮纸上，现代人对羊皮纸的崇拜更多地体现在精神层面上。以撰写《世界上最伟大的推销员》蜚声全球的美国人奥格·曼狄诺辑录了 15 部励志书，阐述人生哲理和成功理念，并把这套书命名为《羊皮卷全书》。

知识链接 中国纸

汉武帝的宠臣东方朔，以言语诙谐、机智著称。这一等一的嘴皮子功夫是如何练成的？主要是说得多、写得多。换句话说，这家伙是个"话痨"、"白乎蛋"。有一次，这家伙思如泉涌，一篇奏章写了三千多根竹简，只好让两个壮汉抬进宫去。这些竹简逐根摸过，估计都得手指头发麻，通篇看下来，不累死也得烦死，不气死也保不准会被压死。这也许是竹简两端延伸的作用。

竹木简书籍的大量使用，促进了文化的传播。春秋战国时期诸子百家著作和历史记录，也因此流传下来。但是这种竹木书籍还是过于笨重，人们不得不用"学富五车"、"汗牛充栋"来称誉学识渊博的人。据说秦始皇每天批阅用简牍写的奏折重达一百多斤。

人们呼唤轻便的载体，以改变文字载体的这种笨重状况。人们尝试着在"缣帛"上书写，所谓"帛书"，在这种材料上书写，无论是

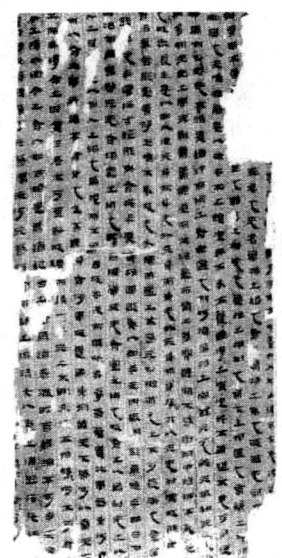

中国古代帛书

书写速度、笔画的流畅程度，以及携带和收藏的方便性等方面都比以往的各种文字载体有了巨大的飞跃。司马迁《史记·陈涉世家》记载，陈胜、吴广天雨误期，知道必死，决定造反，"乃丹书帛曰'陈胜王'，置人所罾鱼腹中。卒买鱼烹食，得鱼腹中书。"这就是所谓"鱼肚露帛书，夜半闻狐鸣"的计策，藏在鱼肚子里的，就是帛书。

古人还常用绢写信，通常长一尺，称为"尺素"。"客从远方来，遗我双鲤鱼。呼儿烹鲤鱼，中有尺素书。"（古乐府《饮马长城窟行》），说的就是远方客人捎带书信的故事。后来人们便把书信叫作"鱼书"，称信使为"鱼雁"。但是在当时丝绢是非常昂

❀❀"蔡侯纸"的出现，标志着纸张取代竹帛的关键性的转折，是世界书写材料上最伟大的革命，大大降低了读书学习的成本。

贵的奢侈品，量少价高，这一致命弱点使它难于推广使用。寻常百姓穿的衣服都是"布衣"，帛书就更是贵族们的专属了。所以直到纸张出现之前，帛书一直没能取代竹简。

据考证，早在西汉，我国已发明用麻类植物纤维造纸，只是质地比较粗糙，使用范围也不甚普遍。到了东汉年间，出了个"牛人"，叫作"蔡伦"。美国人迈克尔·H.哈特在《历史上最有影响的100人》书中，把他列为中国第二、世界第七，这可是了不得的排名，跨越两千多年的历史，可谓成色十足。

造纸术的改良与推广者蔡伦画像

蔡伦是个宦官，能力超强，为人十分乖巧，颇能揣摩上意。他曾担任尚方令一职，主管宫内御用器物和宫廷御用手工作坊，手下能工巧匠如云。据《后汉书·蔡伦传》记载，蔡伦主管尚方期间，曾"监作秘剑及诸器械，莫不精工坚密，为后世法。"做什么都胜人一筹，可见他就是干这行的"料"。由于职务上的关系，蔡伦得以有观察、接触生产实践的条件。他带领手下那批技艺精湛的弟兄们，总结西汉以来造纸经验，改进造纸工艺，利用树皮、碎布（麻布）、麻头、鱼网等原料精制出优质纸张，并于元兴元年（公元105年）奏报朝廷，受到汉和帝的赞赏，造纸术也因此而得到推广。蔡伦也名利双收，被封为"龙亭侯"，从此进入贵族行列。他监制的纸被称为"蔡侯纸"。

"蔡侯纸"的出现，标志着纸张取代竹帛的关键性的转折，是世界书写材料上最伟大的革命，大大降低了读书学习的成本。蔡伦死后80多年，东莱人左伯改进了造纸术，生产出的纸厚薄均匀，色彩鲜明，被人称为"左伯纸"。

西晋太康年间出了位很有名的文学家叫"左思"，他曾作一部《三都赋》在京城洛阳广为流传，人们啧啧称赞，竞相传抄，一下子使纸昂贵了几倍。原来每刀千文的纸一下子涨到两千文、三千文，后来竟倾销一空。《晋书·文苑·左思传》："于是豪贵之家竞相传写，洛阳为之纸贵。"成语"洛阳纸贵"就源于此处。到东晋末年，纸最终取代了竹帛，成为最普遍的书写材料，成为人类生活中重要的组成部分。

唐代书画与佛教盛行，使纸的需求剧增。文人骚客对纸质的要求自然也很高。《方舆胜览》记载："元和初，蜀妓薛涛洪度以纸业，制十色小笺，名薛涛笺，亦名蜀笺。"据说薛涛笺纸质细腻、融墨如意，有深红、鹅黄、浅青、铜绿等10种颜色，可谓雅趣横生。唐代还发生了中西文化交流史上的一件大事。公元 751 年（唐天宝 10 年），安西节度使高仙芝率汉、藩兵 3 万，在帕米尔高原以西的怛逻斯城与黑衣大食（阿拉伯）的军队进行了一场争夺中亚地区控制权的战役。战役的结果是唐军大败，失去了对中亚地区的控制，同时许多唐军被俘。先进的中原文化正是通过这些被俘的唐军（工匠出身）"渗透"进了中亚和西亚，他们在阿拉伯传播绘画技术和纺织技术，还造出了在中原地区极为普遍，但却使西方人感到震惊的东西——纸。8 世纪末，欧洲人才从阿拉伯人手中得到第一张纸。

　　北宋时期，我国南方盛产竹纸，王安石、苏东坡等对其钟爱有加，认为竹纸上写的字墨色鲜亮，笔锋明快。当时各地均就地取材，各显神通。宋代苏易简的著作《文房四谱·纸谱》记载："蜀人以麻，闽人以嫩竹，北人以桑皮，剡溪以藤，海人以苔，浙人以麦面稻秆，吴人以茧，楚人以楮为纸。"真是百花齐放。

　　到了明代，我国用竹子造纸的技术已臻完善，宋应星著的《天工开物》系统叙述了用竹子造纸的生产过程，并附有生产设备与操作过程的插图，是我国系统记述造纸工艺的最早著作。

　　和纸有关的典故，还有一个有趣的故事。《史记·廉颇蔺相如列传》记载：战国时赵国名将赵奢之子赵括，年轻时学兵法，谈起兵事来连父亲也难不倒他。后来他接替廉颇为赵将，在长平之战中，只知道根据兵书办事，不知道变通，结果被秦军打败。这个典故引申出的成语叫作"纸上谈兵"，比喻空谈理论，不能解决实际问题。但是，故事的背景是战国时期，那时中国还没有发明纸张。秦始皇统一中国后还在看竹简，比他早的赵括更是不知道纸为何物了。所以所谓的兵书应该记载在简帛之上，说竹上谈兵，木上谈兵，帛上谈兵可能更准确一些。

❋❋ "蔡侯纸"的出现，标志着纸张取代竹帛的关键性的转折，是世界书写材料上最伟大的革命，大大降低了读书学习的成本。

印 刷

人们对印刷的最初需求，并非是高效率和大规模的复制，当时的统治者并不觉得所有的人都有识文断字的必要，尤其是那些奴隶和贱民，教育垄断和信息不对称就是实施"愚民政策"的基础之一。让他们头痛的是"拷贝走样"，这在今天也是沟通的基本障碍之一。于是印刷技术就应需而生了。

最早能够算得上印刷的，应该上溯到苏美尔人的圆筒印章，他们把文字刻在圆柱上（就是母版），然后圆柱在湿润的泥版上滚动，将圆柱上的字印到泥版上，可以批量地生产同样泥版，一份份相同的泥版传送在各个城邦之间。这是印刷最基本的功用之一。

中国在东汉末年虽然已经发明了纸，但印刷术还没发明，想看书就得用手抄，所以有"洛阳纸贵"的故事，那都是"抄书惹的祸"。那时的书全是手抄本，你抄我的，我抄他的，抄来抄去，错误越来越多。蔡文姬的老爸，大学者蔡邕十分焦虑"这样下去，经典著作就全是走样的啦。"为此，他向汉灵帝建议：把一些儒家经典刻在石碑上，作为校正经书文字的标准本。灵帝同意后，蔡邕亲自书写，刻好后的石碑一块块立在首都洛阳的太学门外，这些石碑就是历史上著名的"熹平石经"。这下可热闹异常了，每天都有许多人赶去抄写石碑上的文章，或拿过去抄的书和石碑上的文章校对。有些比较聪明的人，用事先浸湿了的坚韧薄纸铺在石碑上面，然后用软槌在纸上轻轻拍打，使纸透入石碑上刻字处凹下的地方，待纸干后，再用软槌在纸上拍上墨汁，揭下来就成了黑底白字的拓本。这种对着石碑上拓印的方法，就是雕版印刷的"雏形"。这些传诸后世的碑拓，现在也都身价不菲。

随着经济和社会制度的发展，社会对书籍的需求量越来越大。大约公元7世纪初，中国从钤印、传拓、镂板等技术中发明了雕版印刷

雕版印刷术

❀❀ 没有发明印刷术以前，想看书就得用手抄，所以『洛阳纸贵』都是『抄书惹的祸』。你抄我的，我抄他的，抄来抄去，错误越来越多。

术。到了宋代，雕版技术已发展完美，造纸、制墨、刻版、印刷等技术工艺都达到了相当高的水平。宋版书字体端丽，刀法圆熟，纸质洁白，墨色光润，备受历代藏书家的推崇和珍爱。

雕版印刷对文化的传播起了很大的作用，但是刻板费时费工，大部头的书往往要花费几年的时间，存放版片又要占用很大的地方，而且常会因变形、虫蛀、腐蚀而损坏。印量少而不需要重印的书，版片就成了废物。此外雕版发现错别字，改起来很困难，常需整块版重新雕刻。这些都促使了活字印刷的出现。

公元 1041~1048 年间，中国人毕升发明了泥活字印刷术。这一伟业被当时的著名科学家沈括在其著作《梦溪笔谈》中如实记录，现已收入中学课本。沈括是个比较厚道的人，作为朝廷官员，他如实地把一个老百姓的发明记录了下来。不像蔡伦蔡黄门，手下的弟兄姓甚名谁都无从考察，现在的很多投资人、制片商很多也有这种毛病。由于沈括的科学记录，活字印刷术得以继续播扬，后人甚至称之为"沈存中法"，可惜毕升的活字印刷法没有留下实物，当时也没有得到大规模的推广。

活字印刷术的出现，是印刷技术的一个飞跃。活字制版避免了雕版的不足，只要事先准备好足够的单个活字，就可随时拼版，大大地加快了制版时间。活字版印完后，可以拆版，活字可重复使用，且活字比雕版占有的空间小，容易存储和保管。这样活字的优越性就表现出来了。活字印刷难能可贵的是其伟大创意思想，即把整板雕刻印刷变为分割成更小单位的活字印刷。2008 年，北京奥运会的开幕式上的活字表演，就体现了国人对祖先智慧的缅怀和追思。

元朝统治者征服朝鲜后，中国和朝鲜间的经济、文化交流十分频繁，活字印刷术也传到了朝鲜。1403 年，朝鲜政府出资，为制造活字及出版印刷机关设置了"铸字所"，大力发展活字印刷，其活字种类计有铜、铁、木、陶、瓢等，对活字印刷的发展作出了突出贡献。但最近韩国和中国争抢活字印刷术的"发明权"，动辄"申遗"，比较无聊。

欧洲人使用的拉丁字母结构简单，但拉丁字母字形圆润，刻字时不易下刀，但其数量很少，比汉字更适合活字印刷。因而欧洲人研究改进活字印刷工艺的愿望十分迫切。1450 年，德意志人古登堡（Gutenberg）在美因茨城的工厂中发明了哥特体拉丁文金属活字印刷技术，解决了长期困扰欧洲人的字形问题。古登堡不是一位杰出的商人，没有从他的发明中获得巨大的利益，不像瓦特得益于他的蒸汽机专利而安度晚年。1462 年，美因茨发生动乱，工厂在战火中被毁，印刷工流落到德意志各地，将古登堡改进的金属活字印刷术散播到欧洲各地。印刷术传到欧洲后，改变了原来只有僧侣才能读书和接受教育的状况，为欧洲科学的突飞猛进以及文艺复兴运动的出现提供了重要的物质条件。

欧美人特别崇拜古登堡，以古登堡为头像的邮票就有几十种。他们认为，没有古登堡，现代印刷术的发明有可能推迟几个世纪，文艺复兴也会岌岌可危，中世纪的黑暗还得笼罩几个世纪。1971 年，美国伊利诺斯大学学生麦克·哈特（Michael Hart）认为电子化的书籍将会使人们受益无穷，要通过自由传播、可以无穷次使用

古登堡活字印刷机

和复制的电子书改变世界，希望每个人在电脑上或便宜的二手 PDA 上阅读各种读物和文艺作品的代价最小化。于是计划以自由的和电子化的形式，大量提供版权过期而进入公有领域的书籍，建立了世界上第一个公益数字图书馆，并把该计划命名为"古登堡计划"（Project Gutenberg）。哈特曾被视为不正常的人，但现在他受到无数人的尊敬。

印刷术是知识记载和传播史的一个里程碑，知识传播的速度大大加快，保真度也大大提高。

附："印刷"对于我，更是有着特殊的缘分的。老妈在生我以前就在印刷厂工作，一直干到退休。老爸所在的厂子原来是拖拉机厂，后来转行成印刷机械，在国内也小有名气。小时候，我一直住在印刷厂的家属宿舍，和厂区一墙之隔，整天在排字车间、机印车间、装订车间窜来逛去，所有的印刷术语，对于我都是耳熟能详的。印刷厂的记忆承载了许多童年的快乐和温馨。

❈❈ 没有发明印刷术以前，想看书就得用手抄，所以『洛阳纸贵』都是『抄书惹的祸』。你抄我的，我抄他的，抄来抄去，错误越来越多。

录音摄影

　　印刷解决了复制保真问题，在一定程度上减小了以讹传讹、"三人成虎"等问题。但是人们还是渴望一种技术，能够原汁原味地客观地进行记录，不但是文字，而且是声音和图像。在录音技术发明以前，乐谱是记录音乐的主要办法和手段。同样，在摄影技术发明以前，图像是依赖绘画来记录的。

　　古琴名曲《广陵散》萌芽于秦、汉时期，其名称记载最早见于魏应璩《与刘孔才书》："听广陵之清散"。提到《广陵散》，必然会想到竹林七贤之一，大帅哥嵇康，当年"嵇中散临刑东市，神气不变。索琴弹之。奏《广陵》。曲终曰：'袁孝尼尝请学此散，吾靳固不与，《广陵散》于今绝矣！'"金庸在小说《笑傲江湖》中狗尾续

发明家爱迪生

貂了一把，说魔教长老曲洋一连掘 29 座古墓，终于在蔡邕的墓中，觅到了《广陵散》的曲谱，并据此创作了琴箫合奏《笑傲江湖曲》，让无数金迷如痴如醉。那都是录音技术发明以前的故事。要是时光倒流两千年，爱迪生穿越过去，嵇中散的千古遗憾也可以绝响了。

最早的原始录音机诞生于 1857 年，是法国发明家斯科特发明的声波振记器，这是留声机的鼻祖，可惜不能重现声音。真正让留声机面向大众的，是美国发明大王爱迪生。其实爱氏发明留声机，也属于无心插柳。1877 年，爱迪生在试验电话传话筒里的膜板，发现声音愈高，颤动愈快；声音愈低，颤动愈慢。这就使他产生了一个念头：借助运动载体上深度不同的沟道来记录和回收声音，把"声"留住。于是他发明了一种录音装置，可以将声波变换成金属针的震动，然后将波形刻录在圆筒形腊管的锡箔上。当针再一次沿着刻录的轨迹行进时，便可以重新发出留下的声音。爱氏亲自高歌一曲《玛丽有只小羊羔》，总共 8 秒钟的声音成为世界录音史上的第一声。其实如果当时让童安格唱一曲"留住我们的'声'"，意义可能更加重大或深远，这些遗憾，均按下不表。

箱式手提手摇留声机

※※大帅哥嵇康临刑东市，神气不变，索琴弹之，曲终曰："《广陵散》于今绝矣！"要是爱迪生穿越过去，嵇中散就可以无憾了。

第二年，爱迪生成立制造留声机的公司，生产商业性的锡箔唱筒。这是世界第一代声音载体和第一台商品留声机。从此财源滚滚，日进斗金，为爱氏的进一步扩大再发明奠定了雄厚的物质基础。在以后的一百多年时间里，无论是录音技术、信号存储技术也都有了长足的进步。唱盘的形式被广大留声机公司所认可并且趋于普及，录音技术的发展更可谓"一日千里"。电声录音、磁带录音机、LP 唱片、立体声录音技术、盒式录音机、CD 唱片、MP3……相继问世，如今新一代网络声音介质，都快要给唱片划上句号了。

近代、现代录音技术的发明，就某一方面而言，有利于音乐的传播和音响的贮存。最重要的是，录音技术使人类获得了记录、贮存、重放声音信息的手段。这种客观性的记录技术，以它的公正、真实等无与伦比的客观性赋予其纪实的本性。和录音相匹配的还有摄影。由于摄影术的发明，人类才有了细致地观察许多稍纵即逝的事物的可

达盖尔发明的摄影机

能，并且把摄影变成了一种记录事物、传情达意的工具。

19世纪，英国和法国这对夙敌，在文化、科学、技术等各个方面继续着他们的"百年战争"。法国人达盖尔是个多才多艺的人，同时身兼建筑师、画家、发明家和化学家数个身份。他的舞台画非常好，尤其是透视画非常出名。为了加速透视画生产过程，他与印刷师尼埃普斯合作研发摄影术。1839年，达盖尔把他的技术公布于世，引起轰动，各行各业纷纷引入，人们甚至还成功地从热气球上拍摄到了巴黎的市容。法国政府向达盖尔征购其专利，并宣布这个发明是一个对"全世界自由"的礼物。作为补偿，法国政府为达盖尔和尼埃普斯的儿子提供终生养老金作为酬谢。达盖尔成了一代英雄，享尽了荣华富贵。

在达盖尔研究的同时，英国人塔尔博特也在研究摄影术。实际上，塔尔博特在1835年，也就是达盖尔摄影术首次问世的两年前，就复制出了他的第一批照片，但因忙于其他几个项目的研究，没有立即把他的照相实验进行到底。在达盖尔发明的宣布在公众中引起了巨大的轰动后，这位老兄才匆忙宣布他发明了一种不同的摄影术。

达盖尔的银板法摄影需要几分钟才能拍成，被拍照的物体必须一动不动，拍个静物画是很容易的，要让活动的人物留下"倩影"，难度不是一般地高。在用达盖尔法进行的首次街景摄影创作中，虽然巴黎的大街人流如织，但只有一个站着不动的擦鞋匠留在了照片上。而且达盖尔的银板无法复制，仅仅是"留影"。达盖尔于1854年开设了自己的摄影馆，大仲马、雨果等都去捧过场，可惜照片都是"绝版"。

塔尔博特的摄影术更类似于今天的底片法，其玻璃负板可以复制无限多清晰的照片。这个发展使得达盖尔摄影法很快就过时消失了。达盖尔和塔尔博特摄影术最致命的缺点就是感光度都很低，感光时间往往要十几分钟到几十分钟。要去拍个肖像，那得有相当的"定力"。

1851 年，阿切尔发明的"火棉胶摄影法"把这两种方法都做了很大的提高。它能拍摄出像达盖尔式摄影法那样清晰的影像，而成本却不到达盖尔式摄影法的 1/10。在明亮阳光下，曝光时间只需要 15 秒至 1 分钟。同时，它像塔尔博特式摄影法那样，能进行反复印制，兼具二者之长，而无二者之短。

摄影是建立在光学、化学与机械学等学科基础上的一种技术手段。从 1839 年第一个实用摄影法诞生至今，虽然时间不长，但它在人类进行科学研究、生产和精神生活中发挥了重要作用。录音和摄影对客观事物进行记录的内在能力，其实就是人类早期传播梦想的实现和书写传播的延伸。

技术如此多娇，引无数英雄竞折腰。

❋❋大帅哥嵇康临刑东市，神气不变，索琴弹之，曲终曰："《广陵散》于今绝矣！"要是爱迪生穿越过去，嵇中散就可以无憾了。

电报与电话

　　1492 年，探险家哥伦布第一次出海远航，到达美洲后，被困在一个小岛上。他担心自己无法返回欧洲，就给西班牙女皇写了一封信，连同他绘制的一张到达美洲的航海图一起密封在一个漂流瓶里，投入大西洋，期望它漂到欧洲。300 多年后，19 世纪 50年代，哥伦布的漂流瓶才被人发现，这可真算得上是通讯史上费时最长的纪录之一了。中世纪，漂流瓶是人们穿越广阔大海进行交流的有限手段之一。密封在漂流瓶中的纸条往往包含着重要的信息或者衷心的祝福。发现一个可能从未知领域而来的漂流瓶，对于古代水手而言或许是一种惊喜。神秘、偶然、期待……漂流瓶俨然是航海时代人类跨文化交流的象征符号。儒勒·凡尔纳的小说《格兰特船长的儿女》中，困在荒岛上的格兰特船长 3 人，抛下漂流瓶，得到了格里那凡爵士的救助。

　　无独有偶，中国唐代也有红叶题诗，漂流寄情的故事。深宫春怨的宫女将期待写在红叶上，随御沟流出："一入深宫里，年年不见春。聊题一片叶，寄与有情人。"偶然拾得的诗人就进行唱和："愁见莺啼柳絮飞，上阳宫女断肠时。君恩不闭东流水，叶上题诗寄与谁？"一来二去，竟真有人喜结连理的。这类诗，《全唐诗》中还收录了不少，也算唐代文化史上的一次小规模的"漂流"。

　　除了漂流，人们还运用过各种五花八门的传递手段。运用人力或畜力进行传递。人们设立驿站、信使，用人力或畜力进行传递，最有名的信使当数雅典"飞毛腿"菲迪皮得斯，为了将雅典军队打败波斯人的胜利消息迅速告诉雅典人，从马拉松跑至雅典中央广场（全程 42.195 千米），只说了一句话："我们胜利了！"。便体力衰竭倒地而亡，光荣的功绩使其而成为希腊的民族英雄。衔回橄榄枝的光环使西方人永久奠定了鸽子使者的地位，而中国人对大雁则情有独钟，《汉书·苏武传》记载，汉昭帝假借鸿雁传书，从匈奴人手中要回在北海边持节牧羊的苏武。

相比起来，用声音传递信息就要有效得很多。中国古代城池中，上一点规模的都有一座鼓楼和一座钟楼，主要用来报时，清晨鸣钟，黄昏击鼓，所谓晨钟暮鼓。西方城市修道院或市政厅广场中，钟楼往往也是城市的最高点，《巴黎圣母院》中的钟楼怪人伽西莫多，相信大家不会轻易淡忘。清真寺中的尖塔，就是让阿訇登高提醒各位穆斯林按时做礼拜用的。在军事上，声音传递也是必不可少的，"一鼓作气"、"鸣金收兵"这些成语都可以看出声音在军队中的作用。冯小刚还借助"军号"题材，拍了部贺岁片《集结号》而大赚其钱。

比声音更快捷的是光线，人们通过各色旗子的舞动，狼烟来传递特定的信息，当然，要事先编制特定的语言，如旗语等。但要实现消息的远距离传送，都需要中继站的层层传递，消息才能到达目的地。古代非洲，击鼓传信也是最早、最方便的办法，用圆木特制的大鼓可传声至三四千米远，再通过"鼓声接力"和专门的"击鼓语言"，可在很短的时间内把消息准确地传到 50 千米以外的另一个部落。长城的烽火台就是利用烽火和狼烟接力传递消息的平台。抗日战争时期，游击队还在各个山头立起了"消息树"，土八路自有巧办法。

莫尔斯发明的电报机

人类通信史上革命性变化，是从把电作为信息载体后发生的。1793 年，法国查佩兄弟在巴黎和里尔之间架设了一条 230 千米长的接力方式传送信息的托架式线路，据说两兄弟是第一个使用"电报"这个词的人。1832 年，俄国外交家希林在电磁感应理论的启发下，制作出了用电流计指针偏转来接收信息的电报机。1837 年，英国人库克获得了第一个电报发明专利权，他制作的电报机首先在铁路上获得应用。不过，这种方式很不方便和实用，无法投入真正的实用阶段。

美国画家莫尔斯（又是一个多才多艺的牛人）在旅欧学习途中，开始对这种新生的技术发生了兴趣。经过 3 年的钻研之后，在

❈❈以利沙格雷比贝尔晚了一个多小时递交申请报告，第一台电话机发明者的桂冠，就戴在了贝尔头上。

贝尔发明的电话机

1835 年，第一台电报机问世，并成功地用电流的"通"、"断"和"长断"来代替了人类的文字进行传送，这就是鼎鼎大名的莫尔斯电码。电报的发明，拉开了电信时代的序幕，开创了人类利用电来传递信息的历史。从此，信息传递的速度大大加快了。"嘀—嗒"一响（1 秒钟），电报便可以载着人们所要传送的信息绕地球走上 7 圈半。这种速度是以往任何一种通信工具所望尘莫及的。19 世纪后半叶，莫尔斯电报已经获得了广泛的应用。但是莫尔斯电报也有其缺点，就是从发报人到收报人需利用专门的电码译本经过两次翻译才能把信息传递过去，而且发报人不能立即获得收报人的反馈信息。这就使通信仍然不够方便。所以在欧美掀起了一股竞相发明电话机的热潮。美籍苏格兰人贝尔成了这场竞赛中的幸运儿。

贝尔是一个从事语音教学的教授，他在研究一种为耳聋者使用的"可视语言"的实验中设法将发声的空气振动变成电流的连续变化，再用电流的变化模拟出声音的变化。这就是发明电话的初始原理。从 1875 年开始，贝尔和他的助手对样机进行了多次改进，制成了"永磁式电话机"。1876 年 2 月，贝尔申请电话发明的专利，几周后获得了专利权。有趣的是，一名叫以利沙格雷的人，在同一天递交了申请类似装置的报告，但比贝尔晚了一个多小时。世界上第一台电话机的发明者的桂冠，就戴在了贝尔的头上。

有了电报和电话，人们还是觉得覆盖面不够，要把所有需要通信的地方用电线连起来，还是太麻烦，能不能随时随地进行通讯呢？1887 年，德国物理学家赫兹利用静电的火花放电实验，证明了电磁波的存在，激起了人们利用电磁波的念头。以马可尼和波波夫为代表的科学家和发明家，在前人已掌握的电磁学和电磁波知识的基础上，大胆探索、奋勇实践，利用电磁波的辐射和传播、经过空间传送信息的通信方式，成功地进行了世界上最早的无线电通讯活动，开启了电磁波应用的大门并开创了无线电通信这门新技术，开创了人类通讯的新纪元。

1894年，意大利帅哥马可尼建立了无线电收发实验装置，并在发射机振荡偶极子的一个铜球上连接一根很长的导线，增强电磁波的发射强度，这就是早期的无线电天线。他还采用了粉末检波器作为接收机。1896年夏天，他在实验室与1.7千米远处的山丘之间，成功地实现了无线电报通讯。1899年，跨越英吉利海峡51千米无线电通讯试验成功。1901年，马可尼去美国，他试验成功了在加拿大的纽芬兰与英国的昆沃尔之间、横跨大西洋3 000千米的越洋无线电通讯。马可尼因为在无线电通信方面所作出的贡献而获得了1909年度的诺贝尔物理学奖。

马可尼和无线电实验装置

与马可尼同时，俄国物理学家波波夫也独立地发明了无线电通讯。1895年，波波夫在彼得堡的俄国物理化学学会上演示了他创造的"雷暴指示器"——这实际上就是一架简单的无线电接收机，因为它将高空雷击放电时辐射的电磁波通过电铃或打字机接收并记录下来。在俄国政府支持下，波波夫把他发明的无线电通讯技术逐步付诸实用。1906年1月16日，他因脑溢血突发而去世，只活了47岁。由于诺贝尔奖金只发给活着的科学家，波波夫与这个荣誉失之交臂。

无线电技术的发展成为20世纪的热门事情。从此，携带人类信息的电磁波开始在空间自由旅行。人们不必依赖电线，就可以在遥远的地方互通信息，飞越整个世界。电和电磁波作为通信的媒介使通信技术发生了巨大而深刻的变化，加大了信息传播空间度和信息量，使世界开始变"小"。

❖❖以利沙格雷比贝尔晚了一个多小时递交申请报告，第一台电话机发明者的桂冠，就戴在了贝尔头上。

第四辑　工具篇

海内存知己，
天涯若比邻。
无为在歧路，
儿女共沾巾。

————唐·王勃

哲学家们曾经认为只有人类才会运用工具，因此将人定义为懂得运用工具的动物；后来发现某些动物也能使用工具，就将人定义为能制造工具的动物；再后来动物学家观察到某些鸟类和猴子也会制造工具，于是大部分人类学家相信工具的使用是人类进化史上重要的一步，是复杂工具令人类演进成今天这种样子。工具不但可以是机械性的，也可以是智能性的。推而广之，一切方法、思想、理念都属于广义的工具。

"工欲善其事，必先利其器"，人们的竞争往往首先体现在工具的竞争上，工具的先进程度，工具的使用方法。有人开玩笑地说"我开大奔就能胜过开奥拓的舒马赫"倒也不无几分道理。战争的较量，某种程度上就是装备的较量。冷兵器时代，凭借强悍的骑兵的游牧民族屡屡践踏相对弱小的农耕民族。现代战争中，核威慑力也是世界各国竞相追逐的目标。知识经济时代，竞争力集中体现在创新能力，个人、组织、国家莫不如此。

文明的形态往往以工具为特征进行划分。狩猎农耕文明的工具有石器、青铜器，铁器、人力或畜力机械，和"冷兵器"相对，这类工具属于"冷工具"。

古希腊哲学家亚里士多德画像

工业文明的标志性工具是蒸汽机、电气设备和流水线，这些工具带有很多自动的成分，可称"自动工具"。

以信息处理器计算机为标志的信息处理工具，使社会发展到信息文明时代。软件，这些按照特定顺序组织的电脑数据和指令的集合，使工具前所未有地具备了"智能性"，信息时代的工具可称作"智能工具"。工具的功能越强，对它的控制的要求越高，这就是工具的两

※工具不但可以是机械性的，也可以是智能性的。推而广之，一切方法、思想、理念都属于广义的工具。

作者留影于亚里士多德工作过的地方

面性。正如锋利的刀容易割破手一样，自动工具、智能工具失控的危险性也越来越大。19世纪就有人因为汽车的危险性而提议立法禁止，机器人控制地球也是科幻电影最热门的题材。

"形而上者谓之道，形而下者谓之器"（《易经·系辞》）也许是对于工具较完整的诠释。古希腊哲学家亚里士多德的逻辑学著作由他的追随者，罗德岛的安德罗尼柯汇编成书，取名叫作《工具论》，其中讨论了命题、范畴、三段论等问题，阐述了证明、定义、演绎等方法，为形式逻辑奠定了基础。他的注释者们认为逻辑学既不是理论知识，也不是实际知识，而是知识的工具。400多年前，英国弗兰西斯·培根不满于演绎法的局限，撰写了他最重要的一部著作《新工具》，号召人们要一种新的逻辑方法——归纳法进行推论，这种基本思想对科学观察和实验产生了重大影响。

中国古代讲究"道、法、术、器"。"道"是天道，"法"是人定的，"术"是指技术层面的技巧。"器"是指有型的物质或是有形的器具。根据西方的理解，"法、术、器"都是属于工具的范畴，这也和易经的解释相契合。

作者斗胆狗尾续貂，拾两位大师之牙慧，以"新新工具"为题，议论一下"智能工具"影响下的新方法对知识管理的影响。

谈搜索

※※ 在搜索中，技巧比工具重要，方法比技巧重要，理念比方法重要，比理念更重要的是好奇心。

现代社会流行"××无极限"。娱乐界号称"时尚无极限"，管理界宣扬"沟通无极限"，IT 行业呢？大概是"搜索无极限"。打开所有的网页，都有一个搜索框，搜索早已改变了我们的思考方式、行为方式和生活方式。

《纽约时报》专栏作家托马斯·弗里德曼把信息搜索归入了抹平世界的十大推土机之一："在人类历史上，从来没有那么多人，可以靠自己就能找到这么多资讯。"搜索在很大程度上已经成为我们和这个世界连通的主要端口。

历史学家、目录学家郑樵画像

知识和信息积累的目的就是再次利用，把沉淀下来的知识再找出来，就是搜索。纸介质时代人大多有这样的经历，印象中在某本书里有某条资料，但就是遍寻不着，眼看灵感一点点蒸发，于是脸红心跳，手忙脚乱。查询是知识工作者要花费的很大时间成本的工作。

人类一直在探索知识和信息的组织和搜索的有效方法，也产生了很多与之相关的学科，诸如图书馆学、文献学、情报学、目录学等。在数字介质没有问世以前，没有这些学科的话，大量的知识几乎是无法传递和延续的。

中国古代搜索界的牛人当首推南宋郑樵，他自创的"求书八法"被后世的读书人和藏书家奉为圭臬。他的 8 种访求图书的方法大致可以归纳为以下 4 类。

第一类是按照图书的类别访求图书的方法，包括"即类以求"和"旁类以求"。在知识体系年年更新，专业分化越来越快的时代，学科的整合、分化和相互交叉、相互渗透越来越频繁，

"类"是一个动态的概念。

第二类按照人物的居住地与事件的发生地访求图书的方法，包括"因地以求"和"因家以求"。如果是国外翻译过来的，最好到初始发源地去，雨果的资料，法语的最多。塞万提斯的资料，莫若找西班牙语的了。

第三类按照图书的性质和收藏处所访求图书的方法，包括"求之公"和"求之私"。公开的出版物可以在公开渠道找到，灰色文献则要到特定的组织和来源去获取了。

第四类是按照图书的流传情况访求图书的方法，包括"因人以求"和"因代以求"。

郑樵特别强调，不应该拘泥于某一种方法，应该综合运用，打组合拳。

当信息载体从光学载体变迁到电子载体后，信息检索的效率发生了巨大的变化，搜索工具的产生，使人类的搜索能力达到了前所未有的高度。"10年前斯坦福大学最德高望重的教授，在获取信息的便捷和丰富方面，还不如今天坐在孟加拉国一家网吧里的人。"Google的创始人之一塞吉·布林这样说。

从搜索工具的工作原理来区分，搜索引擎有两大类别：索引型和引擎型。

索引型也叫目录型，以早期的Yahoo为杰出代表，按照主题分类形成可供检索的等级结构式目录，所收录的网络资源经过专业人员的鉴别、筛选，信息质量有保证，检索的准确性较高，但其数据库的规模相对较小，收录范围不够全面，更新周期较大。目录型搜索类似知识地图，对于某个领域的"菜鸟"特别有用，属于开阔视野Know what型。你会像钻入小胡同一样，左右逢源，辗转相生，早期上网叫冲浪，就是形容这种感觉，现在铺天盖地类似265的这种网站也多是这种类型。

引擎型又叫检索型，Google是现在的绝对老大，通过"网络包打听"或称机器人（即Robot软件、Spider软件）到各个网站收集、存储信息，建立索引数据库，以Web形式提供。索引型检索工具所收录的网络资源范围广、速度快，更新及时。引擎型自动性过强，如果缺乏人工干预，准确性较差，有时让人啼笑皆非。使用这类工具的技巧越多，准确度越高，属于精确匹配Know how型。

两种工具各有千秋。目录型搜索对于"菜鸟"特别有用，因为搜索者根本不知道要往搜索栏里填什么关键词，而一级一级的目录，正是他更上一层楼的台阶。

目前的引擎型并不能很好地处理自然语言，特别是专业词汇，因此在提交搜索请求时，最好把想法提炼成简单的，而且与希望找到的信息内容主题关联的查询词。选择查询词是一种经验积累，一般来说和理解深度成正比，专家提炼他所擅长领域内的关键词肯定比别人强。

儿子小时特别喜欢"糟溜鱼片"，可也不能天天下馆子。老爸溺爱孙子，尝试自己动手，可鱼片的刺根本弄不干净，无论如何不敢让孙子吃。饭店里怎么会弄得那么好，每次问大厨，他总是笑而不答。老爸上网搜索，键入"鱼片＋去骨"，几十万条信息，不知所云；改为"鱼片＋去刺"，又是几十万条信息，离题万里。思考再三，老爸改为"水产品＋加工"，答案跃然屏上：选大鱼，肉厚无刺处切下。比工具更重要的是洞察。

在搜索中，技巧比工具重要，方法比技巧重要，理念比方法重要，比理念更重要的是好奇心。

❖❖在搜索中，技巧比工具重要，方法比技巧重要，理念比方法重要，比理念更重要的是好奇心。

谈记录

知识积累，从进行记录和建立纪录开始。如何建立纪录？关键要善于记录。

唐代诗人李贺，人称"诗鬼"，与李白、李商隐3人并称唐代"三李"，是不可多得的奇才。深受当代"小资们"喜欢的"衰兰送客咸阳道，天若有情天亦老"就是他的妙句。

李贺的创作态度和方法是令人赞叹和钦佩的。他经常骑一匹羸弱的瘦马，带着一个书童，去生活中发掘题材，一旦来了灵感或者有了佳句，立刻记录下来，投入书童背着的锦囊里，回到家马上进行整理。他母亲心疼地说："是儿要当呕出心乃已尔。"大意是不呕心沥血不罢休啊。

欧阳修读书写作的秘诀是三上：枕上、马上、厕上；老美的产生灵感的风水宝地叫 3B，bed（床），bus（公车），bathroom（浴室），异曲而同工。笔者有个同事，颇有欧阳公遗风，一进卫生间，灵感泉涌，家里大小卫生间，必定放置随手可得的纸笔。

德国人以勤于记录而著称。有一篇叫作《德国人的记事本》文章说"德国人最常见的习惯动作就是伸手掏记事本。记事本

诗人李贺画像

有大有小，有厚有薄，有的考究，有的简陋。上到大小官员，公司总裁，下到工厂员工和中学生，连家庭主妇也不例外，几乎人手一本。"家庭主妇买菜的记事本半年就累积了好几本，学生们相约踢足球也要翻阅查看记事本上哪天有时间，简直就是手动版的outlook。

德国人之间交流烹饪技艺，也习惯记录食谱，出门旅游，更是把人文地理、气候变化、风俗习惯、饮食特点等记录得密密麻麻，还附有图和表格，一不小心就能出本书。

德国人不但勤于记录，而且善于记录。德国著名汽车媒体 *Auto Bild* 的编辑们，在写汽车测评文章前，需要采集的数据非常多，从头部、腿部空间到加速、转弯加速度以及刹车，大约有上百项数据通过实测采集，以至于汽车测试文章核心就是无数的表格和数据，看起来就像是一个实验室出具的实验报告。因为德国人的性格和习惯就是这样的，最需要的就是充满数据的实验报告！因为只有通过专业测试采集的数据，是绝对公正客观的。如果搞得风格像英国 *Top Gear* 那种轻松有趣的风格，在德国，那离关门就不远了。

德国人还擅长发掘和把握记录的角度。德国摄影师贝尔恩德·哈格曼曾在上海生活了 6 年，他经常到上海街头去拍摄那些在极端条件下打盹的中国人，添加到自己庞大的摄影集当中。他用相机记录奇怪环境下摆出古怪姿势的打盹和醉睡者，解读出喧嚣和速度下的另一种人生状态和文化，创办一个名叫"睡觉的中国人"的网站，包含的内容，让人感慨万千。

建国六十周年大庆，中国建筑学会举办建筑创作大奖评选，一些历史上非常有名的建筑，由于资料和档案的匮乏，连申报的材料都很难凑齐。有位领导因而感慨，做了这么多年的事情，总觉得没留下什么东西。

有了记录，才有参照和对照的对象，才能够踩在记录的肩膀上，推陈而出新。新知识要求变革，这种变革不仅仅是内容的更新，它还包括那些与旧知识相关的体系和结构的变革。这种变革是非常关键的，如果不懂得如何应对这些变革，所谓新的知识产生的后果也会非常严重。

改革开放后，中国开始与世界接轨，轰轰烈烈地引进和推行很多先进的管理思想和方法。ISO 9000 质量认证也是其中的一项，要求很简单：做你所写的，写你所做的。但终归做的形式大于实质，究其原因也很简单，不愿遵照执行，把发生的行为写下来。

❖❖ 欧阳修读书写作的诀窍是「三上」：枕上、马上、厕上；老美的秘笈叫 3B，bus，bed，bathroom，异曲而同工。

知识获取 谈评价

　　各个国家的寓言里都有很多轻信的反面典型。古希腊的典型是讲一个农夫，轻信了蛇的谎言，将快冻僵的蛇救活，却被以怨报德的蛇咬死了。中国的不辨是非而滥施同情心的典型叫"东郭先生"，他救了一头落难中的中山狼，狼脱险后，反而要吃掉他，也许编故事的人比较仁厚，先生的结局没有希腊农夫那么悲惨，最后一个老农设计杀死了狼，救了东郭先生。

　　也许正是因为这个结局马马虎虎还过得去，所以国人认为"轻信"不是致命的，时不时还犯点"轻信"的毛病，以至于被贴上了"轻信"的标签。而西方人因为"轻信会要命"的观念深入脑海，所以假设每个人都是坏的，只能相互制衡、相互制约、相互竞争。这大概就是各自文化中种下的基因吧。

教育学家本杰明·布鲁姆

　　法国启蒙运动哲学家贝勒曾指出，缺乏理性教育使人轻信。西方的通识教育中，最重要的部分之一就是批判性思维，是一种基于充分的理性和客观事实而进行理论评估与客观评价的能力与意愿。

　　教育学家本杰明·布鲁姆以他的认知金字塔而闻名于世。他把认知分为六个层次，分别是记忆、理解、应用、分析、综合和评价，位于金字塔顶端的就是评价和鉴别能力。

　　中国古代有句老话："为官三代，始知穿衣吃饭"，讲的就是人的评价和鉴赏能力，不是一朝一夕能够养成的，很多素养的造就是需要时间的。

　　最简洁的初始评价法是依据某事物的历史记录。买衣服要名牌，看医生要找专家，下馆子要名气，看电影要明星，都是再自然不过，无可厚非的行为。这种行为直接催生了一种叫作"品牌"的事物。

"品牌"这个词最早源于古斯堪的那维亚语 brandr，意思是"燃烧"，指生产者把印章烙印到某种产品上，作为和其他物品区别的标志，让使用者很方便地评价，降低用户的区分成本。现代的意义还是指用以和其他竞争者的产品或劳务相区分的名称、术语、象征、记号或者设计及其组合。

因为品牌的这个特性，它经常会成为欺骗的工具。各类伪劣产品会披上名牌的外衣，让鉴别能力不强的人大上其当。

回到布鲁姆的理论，评价能力的基础是分析和综合，说起来寥寥数语，做起来可没那么简单。分析和综合后面支撑的是强大的逻辑能力。

麦肯锡有个著名的金字塔原理，就是把评判的对象都分解成金字塔结构，分解的原则叫作 MECE，多读几遍像日本人的"米西米西"，所以很好记。直观的解释就是"彼此独立，互无遗漏"。也就是对于一个重大的议题，能够做到不重叠、不遗漏地分类，而且能够借此有效把握问题的核心并解决问题。金字塔的顶部就是评价的结论。

由于评论的复杂性，专家评委变得很吃香，娱乐秀场最受欢迎的就是"毒舌"评委。但是球场上的黑哨层出不穷，大量"砖家"的口不择言，让百姓对"评委"几乎产生了信任危机。

不久前，京城某富商自制"金缕玉衣"，并高价请故宫的几位国家级专家进行鉴定和估价，几个专家围着玻璃柜子转了一圈后，鉴定为真品并估价几十亿，然后该富商以此做抵押从银行贷了几个亿……

专家评委之所以权威并为大众所信赖，就是因为他们独特而精深的专业知识可以答疑解惑，为大众洞察真相。可是专家仅仅有知识还不够，还要有道德和良知。

共享知识 谈发布

唐代士人科举应试前，往往用自己的诗文投献朝中有名望的人，希望得到赏识，以便得到举荐，这种方式被称为"干谒"。朱庆余的《近试上张水部》"洞房昨夜停红烛，待晓堂前拜舅姑。妆罢低眉问夫婿，画眉深浅入时无？"就是"干谒"名作。

蜀人陈子昂扬名心切，却"干谒"无门。一日路过集市，看见众人围观一具价值千金的古琴，灵机一动，将琴买下，声明某日某地当众演奏。到了那天，围观之人比肩接踵，翘首以盼之际，陈子昂却将琴摔得粉碎，众人大惑不解。陈子昂说，我不会弹琴，但会写诗，四处求告，却无人赏识。未等众人回过神，他已拿出诗文，分赠众人。众人为其举动所惊，再见其诗作工巧，争相传看，一日之内，便名满京城。成为古代炒作成功的范例。

陈子昂用心可谓良苦，发布方式也是成本高昂，要在今日，论坛博客上一贴，单凭那句"念天地之悠悠、独怆然而涕下"便可扬名海内外了。

诗人陈子昂画像

某公司声势浩大的颁奖典礼，引导海报的口号是："炒作自己是一种态度"。在网络时代，"炒作"已经中性化了。

博客的英文是 Blog，是网络日志WebLog 的缩写，一种十分简易的个人信息发布方式。任何人都可以通过网站提供的工具，轻易完成个人博客的创建、发布和更新。如果把论坛（BBS）比喻为开放的广场，那么博客就是开放的私人房间。博客可以理解成简易的个人网页，从发布和交流的功能角度，传统网页的功能几乎都能达到；也可以看做以个人思想为组织大

※※蜀人陈子昂用心良苦兼以高昂成本，一日之内，便名满京城，成为古代炒作成功的范例。

纲的私人论坛，以 ID 而不是以帖子为核心来组织的一种论坛；更可以当做个人灵感、顿悟、经历的记录和共享的场所，精选并链接个人认为有价值的信息、知识与资源，把各类感受或者贴士及时发布，图文并茂地发挥表达力，是个人隐性知识显性化的工具；甚至可以升华到一个小型的学习型组织，呼朋唤友，同志者不远千里而来进行深度交流的空间。

各大门户网站都免费为用户提供博客空间，为了扩大自己的博客群，组织专业团队，对博客建立工具的各种增强功能进行研发，以使博客的创建更加容易。

一个全面的个人网站能够提供很多多媒体功能，创建这类网站通常至少需要具备一些程序编码的知识以及设计技能。博客并不需要这些知识，它是一个集中了访客思想和言论，以文字、图片、音频、视频来表达得简单页面。由于创建博客比较容易，每天都有海量的新博客诞生，构成了一个庞大的博客世界。

比博客更强大的是微博和微信。智能手机的普及，使微博微信在短时间内得到了极大的发展，两者更多地从发布偏向了交流，其实在 Web2.0 时代，发布和交流的界限已经非常模糊了。

谈交流

英国哲学家弗兰西斯·培根说过，读书使人充实，交流使人机敏，写作使人精确。网络不断发展的知识论坛，为各类人员提供了一个交流经验、切磋心得的平台。这一类的站点包括论坛、新闻讨论组、邮件讨论组、博客、微博、微信等，虽然在技术手段上不尽相同，但实际作用都很接近。

在日常工作中遇到的疑难问题，或者对某类题目比较感兴趣，都可以在论坛上找到一些有共同志趣的人进行交流。这类站点各有侧重，通过找到感兴趣的类别，在论坛上提出问题，供大家讨论，向网友们求教。网友们、粉丝们会踊跃参加，各抒己见，既有不同见解的争论，也有从不同角度出发，相互补充，形成"百家争鸣"的良好气氛。

应该说，对新事物、新问题进行讨论，是发展科学技术必不可少的环节。论坛讨论的课题覆盖面很广，模糊的概念通过讨论得到澄清，知识难点经过经验交流和资料介绍得以解决，新兴技术的阐述使它能以较快步伐推广。讨论过程中，有的问题达成共识，有的没有得到结论，有的需要深入思考和探讨，有的形成有待研究的课题。无论讨论结果如何，论坛不仅活跃了学术讨论的气氛，而且起到促进技术进步和发展的作用。

加拿大一家有 50 多年历史的黄金公司拥有蕴藏丰富的金矿，但公司却拿不出有效的快速适应市场的开采办法。很多巨鳄虎视眈眈准备收购他们，公司眼看就要面临

哲学家弗兰西斯·培根画像

倒闭。

公司老大麦克·欧文决定孤注一掷.他拿出被采矿业视作命根子的地质数据,他们公司所有的地质学研究以及 1948 年以来的所有数据,整理成一个文档,放在因特网上,请求全世界的人告诉他们在哪里可以找到新的黄金。能够提出最优估计和最佳方法的参赛者可以获得高达 57.5 万美元的奖金。

参加者的来源非常奇特,有大学本科生、咨询顾问、数学家和军事人员,个个都试图一展拳脚。他们收到了数学、高等物理、智能系统、电脑绘图,甚至用于解决无机问题的有机解决方案,很多技能是业内闻所未闻的。这个网络头脑风暴将探矿时间缩短了两到三年。这次大规模交流不但得到了大量的黄金,而且还把一个价值 1 亿美元的低绩效公司改造成具有价值 90 亿美元的大企业。

交流中信息的随意性很大,鱼龙混杂。有的信息很有启发性,会发现一些很特别的论调,有时也会遇到许多片面的、广告性的信息,甚至是误导性信息。有效交流最重要的前提就是包容,不受条条框框的限制,从各种角度、层次、方位展开想象,尽可能放松思想,标新立异,提出独创性的想法,让思维自由驰骋。

作家契诃夫画像

交流的首要原则是自愿,自愿本身就意味着参与者的积极性和主观能动性,是淡化了很多背景的一种较为纯粹的自主行为。

其次是互利,交流不是审查和传讯,参与的各方都有各自的意图和利益,有的是想集思广益,有的是想验证观点,有的是想触类旁通,有的是想结交同道,交流需要保证各方获得平等的利益。

再者是平等,平等是指交流时没有地位尊卑高低之分,就像俄国作家契诃夫说的:"有大狗,有小狗,但小狗无须因大狗的存在而惶惑,所有的狗都叫,但都按照上帝给予的声音去叫。"

❀❀ 有效交流最重要的前提就是包容,不受条条框框的限制,从各种角度、层次、方位提出独创性的想法,让思维自由驰骋。

谈移动

曾几何时,古人把读书写作变得招数百出,什么红袖添香、正襟危坐、悬梁刺股、凿壁偷光。明朝有个叫"张潮"的,还总结了一套读书方法和心得,"读经宜冬,其神专也;读史宜夏,其时久也;读诸子宜秋,其致别也;读诸集宜春,其机畅也。""经传宜独坐读,史鉴宜与友共读。"这种读书是小资的 N 次方,非普罗大众消受得起。

据美国研究人员统计,一个活到 72 岁的人(典型美国人)一生的时间分配为:睡觉—21 年、工作—14 年、个人卫生—7 年、吃饭—6 年、旅游—6 年、排队—5 年、学习—4 年、开会—3 年、打电话—2 年、找东西—1 年、其他—3 年。真正能够用于学习的时间不足 6%,当然,这只是个参考值,所指学习方式应该是正襟危坐式。子在川上曰:"逝者如斯夫,不舍昼夜。"如何把时间管理得更有效,是摆在人们眼前的一道难题。

诗人贾岛的推敲

唐朝诗人贾岛是著名的苦吟诗人，作诗时非常讲究铸字炼句，反复思索，出名的"慢笔头"，时间对于他，那更是大大的不够用。一日，他骑驴访友，触景生情，便题诗一首，有两句是："鸟宿池边树，僧推月下门。"可究竟用"推"字好呢？还是改为"敲"字好？贾岛犹豫不决，专心过分，一头撞进长安地方长官韩愈的仪仗队，被士兵当场揪下。还好韩愈见贾岛并非有意冲撞，便和他一起探讨，遂成就了"推敲"的一段佳话。

❖❖❖现代生活的快节奏，使得"正襟危坐"变得奢侈无比，人们越来越倾向于采取"碎片化"读书方式。

欧阳修在《归田录》介绍朋友的读书方法，说朋友自称"坐则读经史，卧则读小说，上厕则阅小辞，盖未尝顷刻释卷也"，又称自己"平生作文多在三上，乃马上、枕上、厕上也"，其意乃

文学家欧阳修画像

在忙里偷闲，强调抽空用功，是个利用零碎时间的高手。这大概是第一代"移动阅读和工作"。当然，在那个时候，能这样读书也是有前提的，首先得有大量的书，其次要有书童担着，毛驴驮着，没有一定的身家，置办这些条件也不大容易。

陈景润一边走路一边埋头看书，看得太入迷以至于撞到了电线杆子还说"对不起"的故事，影响了整整一代人。相比起来，苏联昆虫学家柳比歇夫发明的"时间统计法"就科学多了。从1916年的元旦开始，26岁的柳比歇夫便开始实施他所创立的"时间统计法"。他每天都要核算自己花费的时间——读书、实验、写论文、开会、写信、看报、走路、休息……全都一一记录，甚至在严酷的战争环境中也坚持了下来，然后一天一小结，每月一大结，年终一总结，直到他1972年去世——56年如一日，从来没有间断过。柳比歇夫利用第一手统计资料，大大地提高了工作和生活中的效率，在科学史、遗传学、植物保护、哲学、昆虫学、动物学等诸多领域取得了非凡成就。在公共汽车上背外语单词，在排队时看书，充分利用时间的"下脚料"，成为了第二代"移动阅读和工作"的特征，鲁迅的名言"我是把别人喝咖啡的工夫都用在工作上的"也可归在此类。

科学技术的发展从方方面面为我们节约了时间。人们下了马车坐上火车，下了火车坐上飞机，电报和电话用来代替书信，拉链代替了扣子，钢笔代替了毛笔，百货公司翻修成超市，这些都已经成为过去的一部分了，纽约时报专栏作家托马斯·弗里曼在《世界是平的》，

昆虫学家柳比歇夫

提出了抹平世界的 10 辆推土机，其中"数字、移动、虚拟和个人"的办法，就是第三代"移动阅读和工作"的基础。

现代生活的快节奏，使得"正襟危坐"变得奢侈无比，人们越来越倾向于采取"碎片化"读书方式，通过移动设备在等待过程中等一些空闲时间进行阅读。阅读内容除了文本信息，还包括图像、声音、数据等多种信息形式。一部分人通过下载电子书的方式，另一部分人通过手机上网的方式在线阅读。网络移动阅读不但融合了传统纸媒体的书写和互联网的交互，还包括了无线的基本特征：移动和即时。这种方式随身性极强，用户可随时随地接受及时的新闻资讯与各自感兴趣的话题。近年来，阅读调查结果显示，因为"没时间读书"，图书阅读率逐年下降。而刚好相反的是，通过网络、移动设备等数字化阅读率却在逐年上升。

手机功能的强大促使了越来越多的公司针对移动阅读进行硬件和软件开发，这些设备能够阅读各类电子书、电子杂志和电子报，还可以用该软件添加书签、笔记和重点标记。如果说，数字化让人们轻易地实现了"坐拥书城"的梦想，移动阅读又把"书城"进一步变成了"流动的宝库"。

美国国家工程院公布一项有关 21 世纪工程学面对的 14 项主要挑战的报告，这些挑战与人类发展的基本问题有关，其中之一就是如何发展个性化学习。当移动阅读成为不可逆转的大趋势时，任何忽略移动阅读的人，都将变成电子时代的新文盲。超越于物质与精神之上的移动阅读，将成为新世纪初最难以抵挡的诱惑之一。

科技历史的长河中，曾经巨人云集，灿若星辰。亚里士多德、达·芬奇、牛顿无不多才多艺，执多个领域之牛耳。

现代计算机之父约翰·冯·诺依曼

约翰·冯·诺依曼，也许是最后一个伟大的全才，他在数学、经济学、物理学方面均有突破性成就，特别是1946年发明的电子计算机，使他被誉为"现代计算机之父"。意味深长的是，正是他发明的电子计算机，大大促进了科学技术的进步，使人类进入了知识爆炸的时代，学科空前细化。

现代科学发展的大趋势之一，是学科越分越细。1900年是500门学科，2000年是5 000门学科，100年增加了10倍。据预测，2050年将会增加到2万门，50年中会新增15 000门新学科。信息社会的知识工作者，面临着技术全球化、边缘和交叉新学科发展、信息传播的革命等问题的冲击。

从前的学者，重在博闻强记。据说钱钟书在清华大学读书时，立下了"横扫清华图书馆"的志向，他还有读字典的兴趣，许多大部头的字典、辞典、大百科全书他都挨着字母逐条逐条地读过。因用脑过度，他归国后长期患头晕之症，学贯中西的代价可谓不菲。而从前信息量有限，这种方法还勉强使得，现在信息爆炸，通读一遍都需好几十辈子。

有一次听马未都先生在《百家讲坛》对李白名作《静夜思》进行了新解，说"床前明月光"的床其实是胡床，即马扎，不是真正睡觉的床，被绝大多数人误读了千年。此话一出，争议一片。我感兴趣的不是马先生的论点，而是马先生的论据。他从大量史

※※古典建筑的每一个构件都独立地具有它自身的意义，而现代建筑的每一个独立构件都是无意义的，惟其组合，方显意义。

书和唐宋诗词作品中摘取有关"胡床"的片断，洋洋洒洒几十处，听得我目瞪口呆，要把这些书读完并准确摘录，几近神仙。

后来我做了个试验，在《全唐诗》的电子书中作了个检索，"胡床"一词共出现 14 次，"床"字出现了 947 次，瞬间就把范围从四万九千四百零三首缩减到 14 首。私下揣摩，马先生大概也用上知识管理中的挖掘技巧了。

其实，马先生不但挖掘技巧用得好，关联技巧也用得很好。他在谈家具的时候，同时谈了很多瓷器、玉器、铜器、景泰蓝以及别的工艺品之间的横向联系，比起单纯的纵向式结论，要立体丰满得多。

传统的文献组织，完成后主要依靠题目/摘要/关键词来搜索信息，依靠这些信息进行检索，一旦摘要和关键词不够全面或不够专业，很难获得全面的信息，很多重要的信息就此湮没。在现代的电子期刊库，除了早期纸质文献转换过来的尚未文本化的扫描件，无法实现全文检索，绝大部分均可进行全文检索，获取信息的广度大大增加。

数据挖掘是从海量的数据中挖掘出可能有潜在价值的信息的技术。数据挖掘所要处理的问题，就是在庞大的数据库中找出有价值的隐藏事件，并且加

作者 2006 年在约克大教堂前留影

以分析，获取有意义的信息作为进行决策的依据。

刘定一老师是一位有着深厚人文功底的数学老师，他运用现代思想方法论进行审视，发现"历代注家对《论语》的解读，至少有10多章存在谬误"。他以其深厚的数学、逻辑和系统科学背景，从独特的现代视角对名家的《论语》注释进行内部检测与外部评价，把逻辑学中著名的"奥卡姆剃刀法则"、"系统的整体涌现性"、"系统的层次性"、"系统拆装原理"、模型思想等运用于《论语》解读，好比在20世纪初的医学临床诊断中用上了先进的X光机，找到了近20处长期以来被误读的"病灶"。这种在不同的学科之间，进行"比较"、"类比"和"移植"的研究方法，被誉为"人文与科学的美丽邂逅"。

我曾经和戎武杰建筑师伫立在约克大教堂前，眺望着远处现代建筑的简洁线条，感慨着古典建筑的构件之精美。他大大发表了一番宏论："古典建筑的每一个构件都独立地具有它自身的意义，而现代建筑的每一个独立构件都是无意义的，惟其组合，方显意义"。我心中一动：宛如这个巨人消失的平庸年代。巨人的消失令人惆怅，巨人的崛起令人期待。人们对知识管理的探索，孕育着巨人重现的可能，信息技术和知识管理的时代，将会涌现一批新时代的巨人。

❖❖ 古典建筑的每一个构件都独立地具有它自身的意义，而现代建筑的每一个独立构件都是无意义的，惟其组合，方显意义。

延伸参考

书籍阅读类

1. 迈克尔·波兰尼，《个人知识》
【一句话点评】认知学教父告诉你，你未必懂知识。

2. 竹内弘高，野中郁次郎，《知识创造的螺旋》
【一句话点评】知识管理的入门著作之一。

3. 托马斯·弗里德曼，《世界是平的》
【一句话点评】21世纪最成功的预言。

4. 唐·泰普斯科特，《维基经济学》
【一句话点评】知识整合的力量是无穷的。

5. 维克托·迈尔·舍恩伯格，《大数据时代》
【一句话点评】运作知识的抓手是数据处理。

6. 威尔伯·施拉姆，《人类传播史》
【一句话点评】传播学祖师爷对知识传播的总结。

7. 汤姆·凯利，《创新的10个面孔》
【一句话点评】创新的知识结构。

8. 乔治·巴萨拉，《剑桥科学史丛书·技术发展简史》
【一句话点评】日光之下，并无新事。

9. 亨德里克·威廉·房龙，《人类的艺术》
【一句话点评】单枪匹马的恢弘巨著。

10. 王国维，《人间词话》
【一句话点评】对"境界"的描述真是到了境界。

电影观赏类

1.《死亡诗社》（Dead Poets Society）（1989）
【一句话点评】比经典更重要的是灵性。

2.《硅谷传奇》（Pirates of Silicon Valley）（1999）
【一句话点评】乔布斯崇尚"好的艺术家复制，伟大的艺术家偷窃"。

3.《生活知识王》（Everything You Need to Know）（1999）
【一句话点评】没有见识，要有知识；没有知识，要有常识。

4.《幻想曲2000》（Fantasia 2000）（1999）
【一句话点评】艺术的通感是知识的知识。

5.《永不妥协》（Erin Brockovich）（2000）
【一句话点评】知识获取能力是强悍的保证。

6.《猫鼠游戏》（Catch Me If You Can）（2002）
【一句话点评】除了有"命"，还得有"运"。

7.《卡特教练》（Coach Carter）（2005）
【一句话点评】展示点石成金的技巧。

8.《危险的知识》（Dangerous Knowledge）（2007）
【一句话点评】知识和力量都是中性的。

9.《社交网络》（The Social Network）（2010）
【一句话点评】有人的地方就会有奇迹。

10.《点球成金》（Moneyball）（2011）
【一句话点评】大数据颠覆商业模式的经典案例。